客至莫嫌茶味苦

傢俬咀利長江

嘢正娜永書不缺

孝果發

石金紀錄

◎水深60公分小孩務必由家長
陪同經主人同意始可下池，
以免發生意外。
　　　　　　　庄芝啟

石鹿池
童年的夢想　　摸蜊兼洗褲

The B&Bs of Leisure Agriculture

休閒農業民宿

陳墀吉、楊永盛◎著

自序

　　民宿為台灣觀光休閒產業中，首次容許以個人方式獨自經營之產業，但看似簡單規模不大之民宿經營，卻與公司組織、合夥、獨資之旅館業、旅行業、觀光遊樂業等觀光休閒產業所需具備之經營內涵大致相同，從規劃、特色營造、經營管理、解說導覽、體驗活動、財務管理、行銷推廣，均需面面俱到，可謂麻雀雖小五臟俱全。

　　作者從草擬「民宿管理辦法」之前，及輔導國內民宿合法化過程中，走訪全台萌芽發展之民宿，有屬風景區周邊因應市場需求而自發性經營者，有經公部門輔導之休閒農業及原住民部落轉型之民宿，有從繁華都市移居至鄉間築夢的經營者，亦有從都會懷著理想返鄉的年輕人，也有退休投入民宿領域藉以開拓事業第二春的經營者，更有盲從經營的投機客，然而能永續經營築夢踏實者，大都是認真執著及對鄉土熱愛者，從拜訪不同型態民宿經營過程中，亦發現因自行摸索，產生投資浪費、破壞生態等情形，亦有過度理想化誤以為民宿容易轉型經營致富。為能讓有心經營民宿者，從規劃、特色營造、經營管理各方面有所認識，乃著手編纂本書，希望對打造台灣優質民宿有所助益。

　　本書共分為十五章：第一章概述民宿發展歷程；第二章探討民宿與社區及休閒產業關係；第三章說明民宿特色營造與品質評價；第四章探討民宿環境資源之規劃設計；第五章說明民宿房間之規劃設計；第六、七、八、九章分別介紹民宿之客務、房務、餐飲、活動服務；第十、十一章說明民宿之安全與人力管理；第十二、十三章介紹民宿財務及行銷管理；第十四章闡述民宿經營相關法規；第十五章探討民宿面臨的問題及努力方向。

本書編寫過程中承蒙交通部觀光局楊桂文小姐在法規資料蒐集上之協助，及民宿業者吳明一、吳乾正在經營實務上之指正，不勝感激，然恐有疏漏之處，期望各產、官、學界能不吝指正，惠賜寶貴意見，共同爲台灣民宿永續經營發展努力。

陳墀吉・楊永盛　謹識

目錄

自序　i

第1章　緒論　1

　　第1節　民宿的緣起與定義　3
　　第2節　民宿的類型、特性與功能　6
　　第3節　一般民宿與旅館之比較　16
　　第4節　國內外民宿發展現況　20

第2章　民宿與社區及休閒產業關係　29

　　第1節　民宿與社區關係　30
　　第2節　民宿與地方休閒產業關係　33
　　第3節　民宿之策略聯盟與組織運用　37
　　第4節　民宿與社區發展案例分析　40

第3章　民宿特色營造與品質評價　63

　　第1節　特色民宿之定義與認定條件　64
　　第2節　民宿特色之營造　67
　　第3節　民宿品質之評價與案例分析　75

第4章　民宿環境資源之規劃設計　87

　　第1節　民宿規劃與景觀設計　88
　　第2節　民宿建築及周邊設施與法規　95
　　第3節　經營民宿規劃之事前評估　102

第 5 章　民宿房間之規劃設計　109

第 1 節　民宿空間需求特性與規劃設計概念　110

第 2 節　民宿客房型態與面積　114

第 3 節　房間的基本設備與備品　119

第 4 節　房間容量與設計　126

第 6 章　民宿之客務服務　129

第 1 節　民宿客務作業內容　130

第 2 節　接待工作項目　136

第 3 節　接待人員禮儀訓練與旅客抱怨處理　140

第 7 章　民宿之房務服務　143

第 1 節　房務標準作業流程　144

第 2 節　房務工作人員服裝儀容　150

第 3 節　民宿房間檢查　152

第 4 節　客房清潔維護與保養　160

第 8 章　民宿餐飲規劃與服務　169

第 1 節　民宿餐飲之規劃　170

第 2 節　民宿之菜單設計　176

第 3 節　特色風味餐研發　179

第 9 章　民宿之活動服務　185

第 1 節　民宿體驗活動內容、類型與設計　186

第 2 節　民宿體驗活動與套裝遊程之規劃　190

第 3 節　民宿體驗活動案例　191

第 4 節　民宿套裝遊程案例　195

第 5 節　民宿活動之解說導覽　199

第 10 章　民宿之安全管理　207

第 1 節　民宿安全規則之建立　208
第 2 節　鑰匙之點交、保管作業程序及注意事項　212
第 3 節　旅客異常及緊急突發狀況處理　213
第 4 節　民宿內部安全管理　217

第 11 章　民宿之人力管理　221

第 1 節　民宿組織與運作體制　222
第 2 節　民宿經營管理的理念目標與機能　224
第 3 節　民宿人力資源運用與訓練　227
第 4 節　民宿服務的概念　230
第 5 節　員工考核：以旅館業為案例　233

第 12 章　民宿之財務管理　243

第 1 節　民宿財務成本與訂價策略　244
第 2 節　民宿帳務作業　248
第 3 節　民宿現金財務與庫存管理　256
第 4 節　民宿稅務處理與資金運用　259

第 13 章　民宿的行銷管理　265

第 1 節　民宿行銷的概念　266
第 2 節　民宿的行銷工作　269
第 3 節　民宿之行銷策略　271
第 4 節　民宿的行銷推廣企劃　279
第 5 節　民宿的網路行銷　281

第 14 章　民宿經營相關法規　287

第 1 節　民宿法規訂定之緣起與主管機關　288
第 2 節　民宿之設立申請與基本要件　290
第 3 節　民宿建築與消防設備、衛生之法規　296
第 4 節　民宿經營者之義務與責任　299

第 15 章　民宿面臨的問題及努力方向　305

第 1 節　民宿面臨之問題　306
第 2 節　民宿未來努力方向　310

附錄　315

附錄一　民宿管理辦法　317
附錄二　發展觀光條例（與民宿相關條文摘錄）　325
附錄三　民宿經營者違反發展觀光條例及民宿管理辦法裁罰標
　　　　準表　329
附錄四　民宿相關法令 Q&A　336
附錄五　農業用地興建農舍辦法　345
附錄六　建築管理法規（與民宿相關條文摘錄）　350
附錄七　建築法（與民宿相關條文摘錄）　352

參考文獻　353

第 1 章

緒論

　　台灣近年來因經濟之快速成長，國民所得相對提高，隨著經濟的發展而產生國人生活型態的改變，工作中的人們隨時承受著工作與生活上的壓力，開始對鬆弛身心之休閒需求日益殷切；又自政府全面實施週休二日制度後，可自由支配之休閒時間增加，加上社會價值觀與旅遊習慣之改變，使得國人對觀光遊憩及休閒活動的安排日趨重視，休閒旅遊概念從以往走馬看花或趕集式的觀光遊憩方式，逐漸轉向鄉野體驗、享受自然，追求身心休養及結合人文、寓教於樂（如定點旅遊、深度之旅、精緻之旅等之休閒方式）。而民宿觀光休閒產業，結合豐富的區域環境資源、溫馨妥適的住宿空間，及熟悉當地人文環境特質與熱忱接待之主人，乃應運而生，能滿足消費者親近大自然、體驗鄉土風俗民情之期望，提供消費者有別於旅館的住宿選擇。

　　民宿的經營與一般旅館經營最大的不同，除了強調大眾化的合理收費與自助性服務外，設備雖不豪華，但重視特色；服務雖不精緻，但富有趣味、鄉土味及人情味，更重要的是結合當地的自然資源與文化特色，除特色住宿與餐飲外，更提供知識、運動、休閒、娛樂與體驗等功能，讓住客能充分享受悠游的情趣、隨性的自由，且有賓至如歸的自在感受。

　　推動民宿發展，為台灣加入 WTO 後，政府為降低對農、林、漁、牧產業衝擊，輔導轉型為休閒產業經濟發展的契機之一，且能維繫傳統生活、生產、生態及保存文化資產，增進地方商機，減少失業人口。而台灣擁有豐富的觀光資源，只要經營者能抱持永續發展的觀念，採取維護自然生態的作法，並配合政府政策規劃及適切的相關法令實施，民宿經營定能對經濟成長與觀光休閒產業發展有所助益。

第 1 節　民宿的緣起與定義

　　民宿緣起於旅遊、宗教節慶活動、特殊商務交易之住宿需求，因常態經營之旅館市場供給不足，從投宿親友家中或借住民宅之住宿模式，在知名風景區周邊、登山路線必經之休憩據點、海濱夏季之避暑水域活動熱門地區、溫泉區附近、宗教節慶活動（媽祖遶境、禪修、鹽水蜂炮、白河蓮花季）及特殊商務交易（產茶區、花卉、林木）等因有不同目的之住宿需求，從借宿模式亦衍生出民宿經營，將自有住宅閒置房間供給簡易住宿及早餐，漸漸演進因高山、偏遠、海濱地區或特殊之自然資源景致，或為體驗農、林、漁、牧生產、生活、生態之休閒產業經營，成為另類的遊憩住宿選擇。

一、民宿的緣起

（一）市場供給的不足

　　在旅遊過程中，食宿設施是最基本的需求，尤其在長途旅行中，住宿問題更形重要。一般而言，為了解決住宿問題，遊客多半投宿旅館或借住親友家中。但在旅遊旺季時，旅客人數急遽增加，使得旅館數不敷使用，因此只好轉而投宿附近民宅中，於是逐漸演變成今日的民宿（顧志豪，1991）。

（二）市場需求的擴大

　　通常遊客在安排二日以上的旅遊休閒活動都有住宿上的需求，在觀光旅館的價位太高、而一般旅館在旺季時無法容納旅客的狀況下，遊客僅能轉而求宿於旅遊區內外的民家中，因而產生了民宿型

態的住宿模式。這種形式的住宿方式，在國外已行之多年，而且發展久遠。國外的民宿會因區域和地形、資源類型、甚至不同的國情，都會產生不同的民宿經營型態（詳見**表1-1**）。

（三）民宿名稱的由來

最著名的民宿是英國 B&B（breakfast and bed）型的住宿模

表1-1　歐美等地發展民宿情形概況

國家或區域	起初發展區域	發展原因	營運特色
英國	鄉間	1.政府政策 2.民間因素	房間最多4間，B&B通常相鄰同一條街上，屬集中式民宿。
北歐	散布的農莊	地廣人稀、天候因素，有永夜永畫的現象	喜歡住宿較久的旅客，約3-5日為佳，不歡迎只停留1日的遊客。
德國	阿爾卑斯山區	天候因素，山中民宅成為登山客之避難所	由於近15年來湧入了大量觀光客，使當地皆有組織化經營的民宿業者。
日本	1.濱海的伊豆半島 2.滑雪勝地白馬山麓	1.溫泉地帶 2.山間住宿的需求	以北海道和本州的北部為最多，又可分為和式與歐式，經營上分有組織與無組織兩種，有些民宿旅客需自行鋪床疊被。
美國	多分布於美國中部與美國西部，為美國拓荒下的產物，又稱為Inn	多為解決鄉間過多的觀光客住宿所需	以北加州的農舍鄉村宅院最著名，是屬分散式民宿，房間數在4間以下，通常由屋主自行經營，行銷上採取發行專門介紹屋主屋內設施、連絡方式等的手冊或圖書。
澳洲	無一特別區域，現已發展至全澳洲	—	無統一管理機構，經營者自行加入組織，有手冊供遊客參考，民宿以西澳為最多，也有為遊客提供休閒活動如騎馬等。

資料來源：潘正華（1994）。

式，而國外對於民宿亦無統一的名詞，如北歐稱 Husrom ，法國稱為 Cîtesdêtape ，德國稱為 Pensionen Gasthauser Fredenzimmer ，義大利稱 Pensao Locandec 或 Camere libere ，英國稱 B&B ，美國則稱 B&B 或 Inn 等不同之名稱（欣境工程顧問公司，1990）。

（四）國內民宿的興起

國內最早大規模民宿發展的地區是墾丁國家公園，而時間約在民國 70 年左右，其次是阿里山的豐山一帶、台北縣瑞芳鎮九份地區、南投縣的鹿谷鄉產茶區和溪頭地區、外島的澎湖、宜蘭休閒農業區，乃至於全國各地。基本上是先由一些熱門的旅遊區域開始，肇因經濟成長後國民休閒活動開始活躍，旅遊區域內之旅館旅社無法容納大量湧入的遊客，因此衍生出來的住宿服務。另一類是尚未具觀光旅館規模，然已有外地湧入的遊憩旅客需求，又位於尚未完全開發的遊憩區，如早期的嘉義縣瑞里地區、溪頭地區、草嶺、石壁以及最近之達娜依谷、司馬庫斯部落都有類似民宿型態的產生（林宜甲，1998）。

二、民宿的定義

有關民宿之定義有認為是小型旅館或旅社，也有定位在組織上的。然而每種定義有其考量，也都有其重要內涵和意義，其中較常被引用者如下：

（一）從產業經營層面界定

例如何郁如、湯秋玲（1989）的「以民宅內套房出租給予遊客而未辦理營利事業登記又實際從事旅館業務者」。

（二）從產業供給層面界定

例如郭永傑（1990）的「民宿係一般私人住宅將其一部分居室

出租予旅遊人口,以『副業方式』經營的臨時住宿設施;其性質與普通飯店、旅館不同,除了能與旅客交流認識外,旅客更能享受經營者所提供當地之鄉土味覺及有如在家的感覺」。

(三) 從消費行為層面界定

例如潘正華(1994)的「民宿之主體係指農民利用其農宅空餘之部分房間,將整棟或分棟之農宅出租予旅客暫時居留的行為,而民宿之客體即指旅客投宿於民宅的行為」。

(四) 從法令規章層面界定

例如台灣省旅遊局(1998)的「民宿是一種借住於一般民眾住宅的方式,所以它不是專業化和商業化的旅館」。發展觀光條例(2003)的「民宿指利用自用住宅空閒房間,結合當地人文、自然景觀、生態、環境資源及農林漁牧生產活動,以家庭副業方式經營,提供旅客鄉野生活之住宿處所」。

(五) 從綜合性層面界定

綜合上述,民宿為一般個人住宅將其一部分居室,以「副業方式」經營的住宿設施。其性質與普通飯店或旅館不同,除了能與旅客交流認識外,旅客更能享受經營者所提供之當地鄉土味覺及有如在家的感覺的住宿設施,並結合當地人文、自然景觀、生態、環境資源及體驗農林漁牧生產、生活、生態活動。

茲將國內學者對民宿研究之定義整理詳見**表 1-2**。

第2節　民宿的類型、特性與功能

民宿可從空間規劃、經營管理風格、輔導機關及區域特性等區

表 1-2　民宿之定義表

研究者	民宿之定義
何郁如、湯秋玲 (1989)	以民宅內套房出租給予遊客而未辦理營利事業登記又實際從事旅館業務者。
郭永傑 (1990)	民宿係一般私人住宅將其一部分居室出租予旅遊人口，以「副業方式」經營的臨時住宿設施；其性與普通飯店、旅館不同，除了能與旅客交流認識外，旅客更能享受經營者所提供當地之鄉土味覺及有如在家的感覺。
鄭詩華 (1992)	日本民宿組合中央會之正會員資格：民宿是指在海濱、山村或觀光地等地，可供不特定或多數旅行者住宿之設施，且有執照者，提供當地特產自製料理、有家庭氣氛、其勞動力以家族為主、以顧客自我服務為主。
潘正華 (1994)	民宿之主體係指農民利用其農宅空餘之部分房間，將整棟或分棟之農宅出租予旅客暫時居留的行為，而民宿之客體即指旅客投宿於民宅的行為。
羅惠斌 (1995)	一般為趣味旅遊目的如釣魚或觀光地區各人經營之迷你旅館，或利用空房間供旅客投宿謂之民宿。
歐聖榮、姜惠娟 (1997)	日本對民宿之定義：指家族經營，工作人員不超過五人，客房十間，可容納二十五人左右，且價格不貴之住宿設施。
林宜甲 (1998)	1.民宿必須先定位是否為旅館業。 2.管理經營上需有組織。 3.民宿事業有結合周邊資源，不管是自然的人文的資源或本身即有資源的特色。
台灣省旅遊局 (1998)	民宿是一種借住於一般民眾住宅的方式，所以它不是專業化和商業化的旅館。
發展觀光條例 (2003)	民宿是利用自用住宅空閒房間，結合當地人文、自然景觀、生態、環境資源及農林漁牧生產活動，以家庭副業方式經營，提供旅客鄉野生活之住宿處所。

資料來源：本書作者整理。

分為不同類型，且其經營又融入地方特色、主人魅力、豐富人情味及家庭溫馨感，與旅館經營為截然不同之特性；如能在政府相關法令規範下，經營者建立正確之認識，則對自然環境與地方文化保存、生活環境改善與促進產業發展均具正面功能。

一、民宿的類型

（一）依民宿的要素分類

　　基本上民宿的類型可依某一要素去區分，在不同的區隔之下會有不同的民宿類型產生。而目前所知悉有關的民宿類型要素如下：空間設計、經營管理、停留型態、輔導機關、旅遊型態及地區與特色等（參閱圖 1-1）。以下就各類型分類敘述之：

⊞ 空間設計

　　民宿之房型空間設計，基本上可分為三類：

1. 雅房：即一般民宅之房間，指房間內無單獨之衛浴設施，必須由 2-3 個房間共用一套衛浴設備，其收費標準較低。
2. 套房：是指每一間房間皆有整套之衛浴設備，收費較高，房客之使用亦較方便。
3. 通鋪：通鋪優點是價格較便宜，且容納的人數不易受到限制，較有彈性，適合團體居性。至於衛浴設備設於房內或房外皆有之。

⊞ 經營組織

　　分為有服務中心與無服務中心兩種，如台東縣海端鄉利稻村，即設有服務中心。而中心屬於公營或民營皆有。

⊞ 經營型態

　　民宿之經營型態主要可分為獨立經營和組織經營，前者是由民宿經營者自己直接與旅客聯繫，收費無一定標準，遊客與經營者雙方均能接受即可。後者是經由民宿管理委員會來聯繫一切事務，包括遊客之訂房、衛生與安全管理，且收費標準經由民宿管理委員會決定，管理委員會規定一切事宜。有獨立經營者如宜蘭縣員山鄉枕山村之「枕山春海」，而有加入協會者如宜蘭縣多山鄉的「三民苗

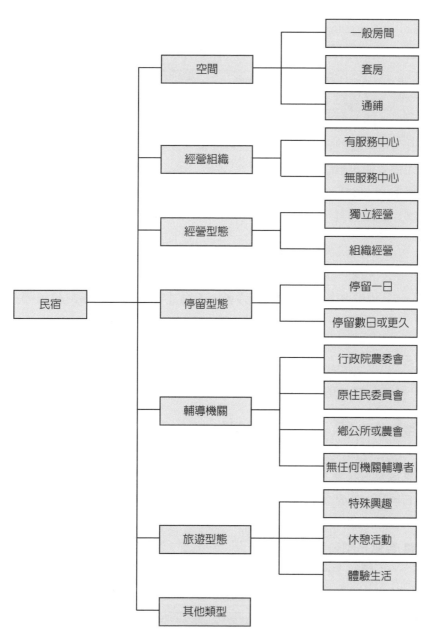

圖 1-1 民宿型態與分類圖
資料來源：林宜甲（1998）。

圍民宿」（近梅花湖）已有協會組織。

田 停留型態

民宿依停留之類型可分為二，一是純粹為解決住宿問題而停留一晚，一是為了解體驗當地之生活而停留時間較長，亦有可能停留一段時間。前者大抵在都市周邊或著名風景區內，如台北縣瑞芳鎮九份地區屬前者，遊客僅作短暫停留，後者要視遊客的形成而定，如夏令營、靈修、研習會。

田 輔導機關

此類型可分為四種：

1.行政院農委會輔導的休閒農業區內設置之民宿，如屏東縣「恆春農場」等。

2.省原住民委員會所輔導者，如台北縣烏來鄉「福山村民宿」即是。

3.地方機關如鄉公所或農會輔導者，如台東縣鹿野鄉「高台茶區」的民宿即是由鹿野鄉公所輔導。

4.無任何機關輔導者如屏東縣滿州鄉「旭海民宿」等。

田 旅遊型態

遊客在特殊興趣方面，如溫泉民宿，即是對溫泉有興趣的遊客會常去的地方，如台東知本地區；休閒活動如海濱衝浪活動所產生的民宿，如宜蘭頭城大溪蜜月灣；體驗農村生活類如宜蘭縣「庄腳所在」民宿。

田 其他類型

不屬於上述任何一類，類型相當複雜，如某些寺廟添香油錢即可住宿，及某些基督教與天主教採自由捐獻方式即可住宿。

（二）依民宿的地區及特色分類

此外民宿依地區及特色來區分，亦可分為七個類型（台灣省旅

遊局，1998），分述如下：

⊞ 農園民宿

以提供採集山菜、採水果（草莓、蘋果、柑橘）、採茶、採集昆蟲及自然教育等農業三生資源活動爲主之民宿（如宜蘭縣珍珠社區民宿、南投埔里桃米社區民宿）。

⊞ 海濱民宿

以提供海水浴、海草採集、釣魚、舟遊等活動爲主之民宿（如台北縣卯澳漁村民宿）。

⊞ 溫泉民宿

以提供花田、天然熱力利用、野溪溫泉浴、岩石溫泉浴、錦鯉、植物園、溪谷、高原、河畔、離島、海角等活動資源爲主之民宿。

⊞ 運動民宿

以提供滑雪場、滑草場、自行車道系統、登山、健行、衝浪、浮潛等活動爲主之民宿。

⊞ 傳統建築民宿

以提供古代建築遺址、古街道、古代驛站、古牧場、古官家、古民宅、古城、古都等古蹟爲主之民宿（如馬祖北竿芹壁村石屋民宿）。

⊞ 料理民宿

以提供風味餐料理、水果餐料理、野菜料理、海鮮料理、特殊產品料理等餐飲爲主之民宿（台南縣白河蓮子餐、屏東縣東港黑鮪魚餐）。

⊞ 歐式民宿

以提供高原、海邊地區建築及內裝歐式風格與庭園造景之民宿（如南投縣清境地區民宿、宜蘭縣大同鄉逢春園民宿、員山鄉山野居民宿）。

二、民宿的特性

　　民宿活動產生之動機除探訪親友、聯絡彼此感情之外，從觀光旅遊的觀點來看，其通常位於具有豐富觀光資源的地區，一般而言，旅館提供了此地主要的住宿服務，再者民宿是遊客住宿選擇時的另一個選擇，而人情味濃厚且有家的溫馨感覺，是民宿迥異於一般旅館的最大不同處。以下即針對不同學者對民宿的意義與重要性作一描述：

　　民宿除具有增加個人收入、改善當地居民及生活環境之好處外，亦有帶動相關產業發展等積極意義。因此，民宿通常存在著幾點實質上的意義：

1.解決觀光據點遊客的住宿不足問題。
2.讓遊客認識農村文化、風俗習慣及增加農業知識。
3.增加農村就業機會及增加收入。
4.經由直接交易，解決部分農業生產及運銷的問題。
5.改善農村生活環境品質。

此外，段兆麟（2001）也認為民宿具有以下幾項特性：

1.農莊民宿是新興的農業經營型態，是運用農業資源與活動，吸引遊客來鄉觀光休閒，進而留宿的農業服務業。
2.利用農家現有的閒置房間出租，所以規模不會很大。
3.農村現有的景觀、自然、文化資源是民宿最好的佈景。
4.提供簡餐，如早餐，所以簡易型的民宿被稱為 B&B（Bed & Breakfast）的服務。
5.遊客在某種程度上涉入農家生活，所以是體驗鄉村文化的有效方式。

Alastair, Philip, Gianna, Nandini and Joseph（1996）認為民宿

（specialist accommodation）應該具有下列特質：

1.具有私人服務的，與主人具有某一程度上的交流。

2.具有特殊的機會或優勢去認識當地環境或建物特質。

3.通常是產權所有者自行經營，非連鎖經營。

4.特別的活動提供給遊客。

5.較少的住宿容量。

　　國內學者曾依據民宿之經營及發展現況，將民宿經營型態做分類，詳見**表 1-3**（陳墀吉、掌慶琳、談心怡， 2001）。

　　綜合而言，民宿的型態很多，民宿地點的選擇則與以下幾項原因有關：家庭的選擇、居民的意願、地理區位、環境景觀、風土民情、交通條件、人文特色、多族群社區、產業特色、歷史藝術特色等。故發展民宿的特點如下：

1.遊客與當地居民可產生較多文化與觀念上的人際互動關係。

2.可以有效利用觀光發展地區多餘人力及物力，並增加地方上
　之收入。

3.提供新的旅遊經驗，有別於大眾型旅遊投宿觀光旅館之經營

表 1-3　民宿經營型態

類型	細目	活動性質	停留型態	空間型態	人口屬性
生活體驗型	農園	參與生產農作過程	居民打成一片	家庭隔間	家庭
	牧場	加入畜牧牛羊過程	居民打成一片	家庭隔間	家庭
	遊樂園	到遊樂區遊玩	停留一段期間	套房	團體
遊憩活動型	海濱	戲水、浮潛	停留一段期間	套房	個人或團體
	山林	森林浴	停留一段期間	套房	個人或團體
特殊目的型	考驗型	登山、健行	往往只住一晚	套房或通鋪	個人或團體
	特定活動型	參觀節慶博覽會或運動會	停留一段期間	套房或通鋪	個人或團體
	運動型	滑雪、滑水、打球	停留一段期間	套房	個人或團體

資料來源：陳墀吉、掌慶琳、談心怡（2001）。

型態。

三、民宿的功能

　　台灣地區農、林、漁、牧、自然環境、人文、觀光等資源極為豐富，尤其是風景區與農村地區。應尋思如何利用本省各風景區及農村地區豐富的遊憩資源，保持其傳統或獨有之特色，妥善規劃開發利用，並配合當地產業之發展，改建或改善現有住民多餘之房舍，提供保留原有傳統，且能符合衛生、舒適之住宿需求，同時解決國民旅遊需求與地區經濟發展之問題。而民宿發展之功能可由二方面探討，一是對（當）地方而言，一是對遊客而言（參閱**圖1-2**），分別詳述如下（台灣省旅遊局，1998）：

（一）對地方而言

⊞ 促進自然環境保存

　　民宿的發展是利用現有自然環境如地形、地勢、地質環境、氣候因素、植被生長情形、動物之棲息，及景觀資源延伸發展之，因此發展民宿確有保存、維護自然環境之重要功能。

⊞ 促進文化保存

　　民宿之發展是配合當地之文化資源如參觀寺廟、拜訪古蹟、認識風俗習慣、歷史之變遷、認識文物等活動，如此一來民宿地區之人民就會逐漸重視地方文化特色，而保存固有之文化特色。

⊞ 促進產業發展

　　民宿之發展對產業發展的重要性有三：

1.地方特產品直接銷售與住宿遊客，以提高經營者之收入。
2.提供兼業機會。留村之老人與婦幼人口藉由民宿之發展有一良好之兼業機會，以增加收入。
3.由一級產業提升為一‧五級產業，如糯米釀成糯米酒，或製

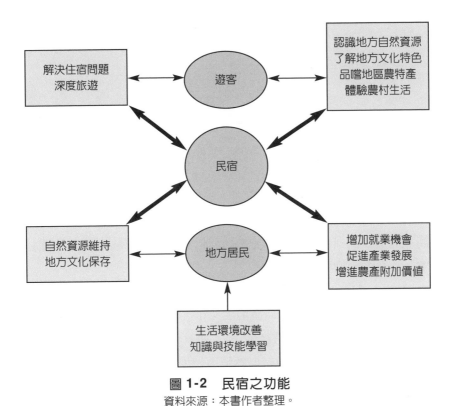

図 1-2　民宿之功能
資料來源：本書作者整理。

成麻糬、柿子加工成柿餅，遊客可預先訂購而經營者再生產製作販售之。

⊞ 生活環境之改善

民宿之發展為吸引遊客前來居住，因此必須將自己房屋整修完善，室內、室外及附近周圍環境打掃乾淨，並加以美化綠化，因而改善經營者之生活環境。

⊞ 知識與技能之學習

民宿經營者為使民宿能順利經營或了解其民宿經營之情形，會逐漸學習下列知識與技能，如：烹飪技術、室內佈置、安全管理、衛生管理、記帳、房屋修繕、廣告製作、宣傳方法等，以利於民宿

之經營。

（二）對遊客而言

⊞ 解決住宿問題

　　一般遊客至風景區或農村地區遊玩，常常遺憾無住宿地方而無法作較長時間之停留，若有民宿之發展就能提供住宿，而遊客便能做較長時間之停留。

⊞ 認識地方自然資源

　　遊客藉由民宿了解當地之自然環境資源，並欣賞大自然之美麗，觀賞日出與日落，欣賞特殊地理景觀，如地層風化形成各種土壤、特有動植物欣賞等。

⊞ 了解地區文化特色

　　遊客至民宿地區能認識當地之文化，如寺廟參觀、古蹟之旅、風俗習慣之體認、歷史文物之認識，有寓教於樂之效果。

⊞ 品嚐地區農特產

　　遊客至民宿地區住宿，可享受「家」的感覺，品嚐可口且無污染、手製、別富風味之地方農特產品。

⊞ 體驗農村生活

　　農村生活較悠閒且人情味濃厚，都市人至農村生活可享受較慢的生活步調、較悠閒的生活態度，可放鬆心情、紓解壓力，為工作做再衝刺之準備。

第3節　一般民宿與旅館之比較

　　民宿無論從經營規模、軟硬體設施、經營與行銷方式均與旅館大不相同，且在經營目的與動機、經營訴求與定位及未來發展，均應考量與旅館同質異類之經營區隔，衡酌供給特色與市場需求，營

造有別於旅館之經營服務型態。民宿與一般旅館之主要差異可以從不同層面觀察比較之，茲分述如下：

一、在硬體設施方面

民宿以提供乾淨衛生的住宿為原則；一般旅館除了提供客房住宿之外，餐飲、休閒乃至於會議室等其他設施亦不可或缺。

二、在軟體設施方面

民宿以提供業主濃郁的人情味以及其他額外附加服務為號召；一般旅館則強調提供專業服務與設施為主。

三、在經營管理及其他方面

在經營管理及其他方面之差異比較如下：

（一）員工人力專業與密集度

旅館雇用員工人數往往以客房數做比率的依據，目前國內旅館雇用人數比即客房一間，工作者則為 1.2 人，就是說如果此間旅館客房數為 100 間，雇用員工應為 120 人。美加地區為 1:1，歐洲先進國家為 1:0.8，而東南亞如泰國、馬來西亞等國是 1:1.5，大陸地區則還是 1:2，但此一比率可因兼營之餐廳數而有增減。民宿工作者以業主之親朋好友為主。

（二）固定的規格化服務

民宿之接待方式應以替遊客量身設計遊程為主要營業項目。

（三）服務作業標準程序

旅館之服務作業流程，已經設計出標準程序，未來民宿業者亦將有標準作業流程可遵循。

（四）國際化策略

國外的民宿多已能上網並結合爲國際聯盟作行銷，國內雖已能上網促銷，但尚未能在國際上銷售，是未來努力的方向。

（五）業主收益來源

旅館以客房與餐飲爲主要收益，民宿則以活動解說導覽及農產品或特產的出售爲主要收益。

（六）市場組合

旅館有商務性的客源市場，民宿則不可能接到商務性客人，除非當地有工程及一些藝術家找靈感等特殊狀況，才會有些商業活動及長期住客。

（七）行銷通路

休閒旅遊地區以旅行社爲主要推廣通路，但民宿客房容納量畢竟較少，所以應以回頭客的口碑做爲基本行銷通路。

（八）房間數及附屬設施

民宿房間數在「民宿管理辦法」裡有規定，所以不可能比照旅館，自然一些附屬設施也不可能比照旅館。

（九）價位

有些顧客選擇住民宿當然是因爲價位較當地的旅館便宜，旅館一個晚上動輒五、六千元，當然無法比擬。

（十）經營方式

旅館爲尊重客人，服務上雖也講求禮貌，但常讓住客有距離

感，會拘束。而民宿則須與客人稱兄道弟，讓客人感覺如同住在自己家中，完全放輕鬆，與主人毫無距離感。

（十一）客源背景資料

來民宿的遊客大部分愛好與大自然親近，且以收入較不豐厚者如學生爲主要客源。

（十二）住宿氣氛

民宿以原始、輕鬆爲訴求，旅館常以富麗堂皇爲號召。

（十三）其他

如民宿主人晚上會招待客人喝茶說故事，而旅館則希望客人到旅館兼營的酒吧喝酒消費。

四、在目的與動機方面

1. 當作副業經營而非家庭之基本收入，通常家族一起經營。
2. 善用自己的土地與建築物，多餘的房舍出租當民宿。
3. 運用現有資金，不另貸款，收入較豐時再陸續投入資金增加設備。
4. 營業狀況爲全年性的副業，民宿的生意來自假日，且回頭客人多，需長期經營，始有利得。
5. 當作正業經營時規模需較大，才符合經濟效益。

五、在訴求與定位方面

強調大眾化的收費、自助性的服務，富有家庭味、鄉土味及人情味，充分利用天然資源、配合當地人文特色、享受另類住宿與鄉土風味餐飲，提供主題休閒、特殊娛樂等，讓住客能充分享受悠閒的情趣、隨性的自由，而有賓至如歸的感受。

六、在經營推廣的更新方面

　　觀察成功的民宿經營業者，除了事前周密的計畫與得宜的管制，在經營的成敗上，則有賴於大眾媒體的推廣與經營口碑如何而定，然而所興建的建築物與設備，卻因時間的推移，商品的經濟價值也隨著陳舊化，所以需要不斷整修更新，但又須保持原貌以吸引懷舊之旅客，再附加獨特的經營方針及增加配合時代需求的機能、格調與價值，才能發揮其特色，吸引顧客的喜愛與增加競爭的能力，而繼續成長。

第 4 節　國內外民宿發展現況

　　國外民宿發展起源於宗教朝聖活動，朝聖者從各地湧入朝聖地區，形成如同旅遊之住宿需求，從簡易的提供過客住宿、餐飲服務，乃至皇宮貴族鄉野度假定點式之體驗型態，並結合自然、人文資源與餐飲住宿服務；而民宿之興起從歐洲發跡，英、美等國亦隨之發展，而至亞洲日本溫泉度假需求形成之和風民宿。國內民宿則起源於風景區周邊，如早期墾丁、溪頭、阿里山地區假日旅館供給不足，從需求面衍生出民宿經營型態，後因輔導休閒農業、原住民地區產業及部分休閒農、林、漁、牧業，結合鄉近資源特色，發展成休閒民宿，復因我國加入 WTO 後，政府積極研擬民宿法規，將民宿正式納入觀光休閒住宿體系之一環，加以管理輔導。

一、國外民宿的起源與發展情況

（一）早期民宿的起源

　　在外國民宿其實是旅館業的開山始祖。隨著朝聖的人潮，希

臘、羅馬時期已有頻繁的旅遊行為；旅客大都住宿民家或寺廟，以解決餐風露宿之苦。途中住家提供居處與飲食給過路人，並非全為了商業利益，最主要的原因是來自「施與受」的哲學。定點、深度的旅遊，從早期歐洲貴族到鄉村別墅度假，享受田園生活，見出端倪。

（二）近代民宿的發展

二次大戰後，歐洲有系統地輔導農業轉型，提供農莊民宿補助款及其他多角化的經營措施；不但保存傳統的農業文化，也促使一般人走向戶外。直到目前，歐洲人出外旅遊的住宿方式，仍常以農莊民宿及露營占很大比例。茲以英、美、日為例說明。

⊞ **英國民宿的發展**

在英國民宿大量成長於二次大戰後。援英的美軍在等待返鄉的空檔觀賞英國風情，英國婦女在家接待美軍，並介紹特殊餐飲或有趣的景點，以收取之金額來購買戰時不易買到之奢侈品。美軍撤離後，緊接著而來的是戰時未赴英之「美國遊潮」延續了民宿的生命。此時民宿轉向政府尋求支援，凡獲認可者，可在門口掛牌，並有屋主加入「預約代理商」系統接受訂房。英國現今仍大約有40％旅客選擇民宿過夜。

⊞ **美國民宿的發展**

美國民宿發展約晚歐洲四十年，主要因陸運交通發達和汽車旅館的便利性、價格低及類似家庭的服務，與民宿造成競爭，其次美國人喜愛規格化、標準化的服務也是原因之一。但七○年代後，旅遊型態轉為歷史文化的探討、自然原味的追求，風格獨具有家庭感覺的民宿因而崛起；根據統計，民宿早期大多集中在加州，1982年美加地區約有 1,200 處民宿，到 1993 年就有 9,500 個民宿單位，發展迅速。

田 日本民宿的發展

　　臨近台灣的日本，民宿更為普遍，形成於昭和 34-35 年間
（1959-1960）。日本民宿的發源地為伊豆半島與白馬山麓。在旅館
業法內訂有「簡易住宿」規範民宿設置條件，而地方民宿協會之組
織發展已相當完整。

　　有關國外民宿發展情形比較詳見**表 1-4**。

二、國內民宿的起源與發展狀況

（一）國內民宿的起源

　　國內大規模民宿的發展最早約在民國 70 年，由墾丁國家公園
區域開始，由於當地每逢假日遊客人滿為患，逐漸衍生出民宿型態
的住宿模式。今日幾乎所有的遊憩區，不管區內或區外都有民宿的
經營產生。此種型態的經營業者所面臨的問題，成為觀光遊憩上的
一個重要課題，也是本文探討的焦點（鄭詩華，1998）。

（二）早期國內民宿的發展

　　早期大規模民宿地區除了墾丁國家公園外，還有阿里山的豐山
一帶、台北縣瑞芳鎮九份地區、南投縣的鹿谷鄉產茶區、溪頭森林
遊樂區、外島的澎湖、宜蘭休閒農業區，乃至於全國各地著名景
點，基本上是先由一些熱門的旅遊區域開始，景點內之旅館旅社無
法容納短時間內大量湧入的遊客所需求的住宿服務。另一類則是尚
未完全開發的遊憩區，因缺乏具規模的觀光旅館或為了定點深度旅
遊，已出現遊憩住宿需求，例如早期的嘉義縣瑞里地區、草嶺、石
壁地區以及最近之達娜依谷等，也都有此類民宿型態的產生。在此
按有無機關輔導類型可分為：休閒農業、原住民山村、無任何機關
輔導者等三型，分述如下（林宜甲，1998）：

表 1-4　各國民宿比較表

國家＼項目	台灣	英國	法國	日本
相關法令	1.土地法 2.消防法 3.建築法	1.消防法 2.建築基準法 3.食品衛生基準 4.損害賠償保險	1.消防法 2.建築基準法 3.食品衛生基準 4.損害賠償保險	1.旅館業法 2.消防法 3.建築基準法 4.食品衛生法 5.水質污濁防止法
民宿定義	利用自用住宅空閒房間，結合當地人文、自然景觀、生態、環境資源及農林漁牧生產活動，以家庭副業方式經營，提供旅客鄉野生活之住宿處所。	略	農家有多餘的房間設備即可營業。	1.屬於「旅館業法」的「簡易宿所」，法律上無特別定義。 2.主要為日式建築，設備可共用。 3.另名：民泊。 4.一般定義：用自己的住宅讓旅客住，提供家常菜。
主管機關	1.中央為交通部 2.直轄市為直轄市政府 3.縣（市）為縣（市）政府	政府觀光局	政府觀光局	地方政府之衛生單位
民宿分類	無	無	1.貸室民宿 2.貸家民宿 3.兒童民宿 4.簡便宿所／團體宿所	1.一般民宿 2.農林漁業體驗民宿 3.農村民宿
設置地區	1.風景特定區 2.觀光地區 3.國家公園區 4.原住民地區 5.偏遠地區 6.離島地區 7.經核可之休閒農場或休閒農業區 8.金門特定區計畫自然村 9.非都市土地	遍布全國無地域限制，但以農村區域居多。	遍布全國無地域限制，但以農村區域居多。	以「森林法」培養森林的產力來貢獻國家經濟的發展；在「地域森林計畫」土地建民宿或 farm inn 的時候，開發 1 公頃以上，需要「林地開發許可」。

（續）表 1-4　各國民宿比較表

項目＼國家	台灣	英國	法國	日本
民間團體	私人聯盟、全國性或地區性之民宿組織	各郡之地方政府民宿推廣協會	Gites de france 法國民宿聯盟	財團法人「農林漁業體驗民宿協會」、財團法人「都市農山漁村交流活性化機構」以及各地的民宿協會
分級制度	目前無分級制度	農家民宿分級名稱由登錄至 3 冠，4 冠以上為旅館等級。	委員會評分：以 1 枝麥穗至 4 枝麥穗為標準（5 年內有效）。	一般住宿民宿無分級
建築物設施	1.內部牆面及天花板之裝修材料、分間牆之構造、走廊構造及淨寬應分別符合舊有建築物防火避難設施及消防設備改善辦法第 9、10 及 12 條規定。 2.地面層以上每層之居室樓地板面積超過 200 ㎡ 或地下層面積超過 200 ㎡ 者，其樓梯及平台淨寬為 1.2m 以上；該樓層之樓地板面積超過 240 ㎡ 者，應自各該層設置 2 座以上之直通樓梯。 3.末符合上開規定者，依前款改善辦法第 13 條規定辦理。	有基本安全及消防要求的限制。	有基本安全及消防要求的限制。	「建築基準法」：地面層以上每層之居室樓地板面積超過 200 ㎡ 或地下層面積超過 100 ㎡ 者，其樓梯淨寬為 1.2m 以上（屋外為 0.9m）。其他則為 0.75m，客房的總面積超過 100 ㎡ 以上的樓層（主要建築是「耐火」、「準耐火」、「不燃」構造的樓層超過 200 ㎡），要有 2 座以上的直通樓梯。
消防基準	1.每間客房及樓梯間、走廊應裝置緊急照明設備。 2.設置火警自動警報設備，或於每間客房內設置住宅用火災警報器。	容客量設定在 7 人以上者，須設有滅火器等防火設備。	房間數達 5 間以上者，須設有消防設備。	有消防基準相關規定

（續）表 1-4　各國民宿比較表

國家 項目	台灣	英國	法國	日本
消防 基準	3.配置滅火器 2 具以上；有樓層建築物者，每層應至少配置 1 具以上。			
經營 設備 基準	1.客房及浴室應具良好通風、有直接採光或有充足光線。 2.須供應冷、熱水及清潔用品，且熱水器具設備應放置於室外。 3.經常維護場所環境清潔及衛生，避免蚊、蠅、蟑螂、老鼠及其他妨害衛生之病媒及孳生源。 4.飲用水水質應符合標準。	各郡有不同之要求	有基本的服務設施之要求	1.若為雙層床時，其上下鋪間距離應在 1m 以上。 2.客房內要有適當的通風、採光、照明及防濕，並具排水設備。 3.若附近無公共澡堂時，需具備相當房間數的澡堂設備。 4.要有適當數量的洗手間。 5.要符合各「都道府縣知事（縣長）」特別訂定的設備標準。

資料來源：交通部觀光局（2002）。

⊞ 農委會輔導之休閒農業民宿

　　所謂休閒農業：「為利用農村設備、農業空間、農業生產的場地與產品，及農業經營活動、生態、農業自然環境與農村人文資源，經過規劃設計，以發揮農業與農村休閒旅遊的功能，農業與農村之體驗，提升遊憩品質，並提高農民收益，促進農村發展。」（曾石南，1991）根據行政院農委會擬訂的休閒農業設置辦法，業者根據此法經營，目前國內已有逾 30 處的休閒農場。而民宿的房間形式不一，有的只提供小木屋或露營區域。為了能配合農場或農園的特色，在設計住宿時需要作一評估。因此基本設施如房間的形式如通鋪、家庭式、套房等格式的取捨，周邊設施與整個農場的協調或整體配置也是該考慮的。另外，有些休閒農場規模過於龐大，

其內部住宿的設備其實遠超過民宿的要求，是否仍能定位在民宿上，是有必須釐清的問題。再者，休閒農業需要民宿服務中心的組織與否，亦是值得去研究及探討的。而從整理資料中，也發現休閒農業中，大致可分為酪農業、果園、茶園等大項。而其中酪農業（中部酪農村與兆豐平林農場）與茶園類（如南投鹿谷鄉與阿里山周邊產茶區）提供住宿的意願較高，也較其他類別為多。

田 省原住民委員會時期輔導之原住民山村民宿

早在台灣省未精簡之前，就有原住民山村民宿的規劃，經歷多年的發展形成了大約 20 處的原住民山村民宿，分布位置交通概況詳見**表 1-5**，而因行政機關的轉移，現由行政院原住民族事務委員會負責民宿輔導業務。

此類民宿的特色是以原住民居住社區為主軸（通常位於山間），除了原住民本身的族群文化特色外，輔以原住民居住的自然環境特色，如溪流、森林、野生動植物資源等，形成原住民山村吸引人之處。而原住民山村的經營模式可分為兩種：一是有組織經營，另一是獨立經營。兩種經營通常由地方機關或地方團體籌畫，通常為該地鄉公所或者是地方農會。有的服務中心在村內，有的中心在村外，原則上這兩種形式各有優缺點。在區內的優點是調度籌畫容易；缺點是遊客取得資訊不易。在區外的優點則是遊客在事先就能取得一些相關的資訊，遊客較易進入狀況；缺點是協調聯絡不易，區域內實際狀況不明。

田 其他未經輔導類型之民宿

除了上述的類型之外，因為沒有機關輔導或有農會介入，所以相對的彈性較大。有的民宿已出現套裝行程的狀態（提供周邊資源如採竹筍、採果、垂釣等活動），或以買茶葉或農產品送住宿的型態出現。在行銷上若干民宿已在電腦上有網頁的出現（屏東縣旭海民宿、宜蘭縣庄腳所在、宜蘭縣枕山春海皆有網頁），另一個行銷的手法是和吉普車隊合作，提供一些周邊的資源或開發新遊憩點。

表 1-5　國內山地原住民民宿分布概況表

民宿村名稱	所在位置	族群別	交通狀況
福山村	台北縣烏來鄉	泰雅族	台 9 線有公車抵達
義盛村	桃園縣復興鄉	泰雅族	台汽桃客可達
桃山村	新竹縣五峰鄉	泰雅族	縣道 122 線新竹客運可達
蓬萊村	苗栗縣南庄鄉	賽夏族	苗栗縣客運可達
新生村	南投縣仁愛鄉	泰雅族	無公車可達
來吉村	嘉義縣阿里山鄉	曹　族	台 18 線轉阿里山線火車搭火車後步行
民生村	高雄縣三民鄉	布農族	台 21 線高雄客運可達
霧台村	屏東縣霧台鄉	魯凱族	台 24 線屏東客運
好茶村	屏東縣霧台鄉	魯凱族	台 24 線轉屏東客運可達
利稻村	台東縣海端鄉	布農族	台 20 線鼎東客運可達
奇美村	花蓮縣瑞穗鄉	阿美族	縣道 64 線瑞港公路無公車

資料來源：林宜甲（1998）。

實際上這種類型的民宿，是目前最難掌握的民宿業，也需要花更多時間去了解。

（三）近年國內民宿的發展

目前在台灣鄉間著名風景區附近已有不少人將空置之房舍改建，於旅遊旺季時充當臨時旅館。以目前透過休閒農業及休閒漁業輔導專案為例，在本省（如南投鹿谷、苗栗、宜蘭、雲林三條崙、屏東、澎湖）已有不少改建之民宿，這些民宿或將原本空置之四合院農舍或漁舍加以整修，或將新建之樓房出租充當民宿。

另外尚有集結在著名休閒飯店附近之民宿，如溪頭、墾丁、日月潭等地，還有東部也有許多的民宿供遊客住宿，台東縣是熱門景點，民宿多分布於鹿野鄉的高台茶區，茶園推出茶餐吸引遊客，關山有環鎮自行車道，親水公園附近的好運道民宿周圍種了果樹、蔬菜，獨樹一格的是販賣有機蔬菜。

第 2 章

民宿與社區及休閒產業關係

民宿經營者藉由地方特有的生態環境資源與文化特色吸引遊客，若能經由完善建全的經營管理架構有效推動，不但能永續生態環境資源的發展，促進地方傳統文化特色的保存與創新，同時也會帶動傳統農漁產業經營轉型契機，增加地方就業機會，提高社區居民生活品質。反之，若是民宿經營者無法自覺的抗拒外來遊客所帶來的觀光收益誘惑，或是在通俗文化強大的感染力衝擊下，讓其觀光休閒所賴以發展的資源快速地消耗掉，則民宿經營亦將不復存在。所以民宿之發展與當地社區及產業之發展，特別是觀光休閒產業之間的關係，可說是休戚與共，密不可分。

第1節　民宿與社區關係

民宿使用之休憩資源為當地社區之資源，物資與人力之來源也是當地供給為主，其經營管理與社區之營造息息相關，因此，民宿經營者，不論是外來者或當地人，均應參與地方事務，維護社區共同之權益，尊重當地之歷史文化傳統，並完全融入地方之社區營造，達成產業與社區之永續發展。

一、民宿經營者應融入社區，參與社區事務

民宿主人大部分都是在地人，民宿經營主要也在強調本土化，並且充分的運用社區資源。相對的，民宿主人如何在民宿的商業經營裡與在地人原本單純的居家生活取得協調、避免衝突是不容忽視的。因此民宿經營與社區發展有著密不可分的關係，民宿經營不可能獨立於社區之外孤軍奮鬥，所以民宿主人要積極參與社區事務，融入社區，廣結善緣與社區居民建立良好關係，做好敦親睦鄰工作，運用本身智慧與專長協助社區朝生態、景觀、環保、節慶活動去規劃，爭取相關政府部門經費補助，將社區打造成美麗家園，且

是具有活力的社區，讓社區居民共同分享成長的喜悅。

二、認識社區，善用社區資源

經營民宿首先要了解你有什麼賣點可以吸引遊客前來，這就要發揮你在地人敏銳的觀察力，去發掘社區資源（人文、景點、產業、生態、民俗等），尋求運用社區眾人力量開發或維護。

三、結合社區產銷班，推廣本地優質農特產

民宿所需人力除自己人之外，首要聘雇當地人，餐食使用及所兼販賣的農產品也應使用當地優質農特產，配合產銷班、觀光農（果）園，結合產業文化發展休閒觀光，帶動人潮，促進購買力，繁榮地方經濟。

四、教育與誘導遊客尊重社區居民權益

民宿經營乃一商業行為，眾多遊客在社區內活動難免會影響社區居民原有的純樸寧靜生活，民宿主人務必誘導遊客尊重社區居民原有的權益，不去破壞景觀生態，不損傷農作物，配合農村作息，不大肆喧嘩，將干擾減至最低，帶領遊客與居民相互尊重與學習，共創雙贏與良性互動。

五、結合社區具特色產業異業結盟，促進社區商機與發展

具特色的社區必能創造民宿的興起，有了優質的民宿必能活化社區。社區整體發展重群策群力，民宿經營或是其他相關行業也是如此，同行不該是冤家，同業更應要凝聚，同（異）業結盟更能發揮互補作用，對地方發展必有相當的助益，彼此良性競爭共創雙贏的事業，例如：宜蘭縣珍珠社區、台南白河蓮花節都是民宿與社區資源結合，讓農村出外人口回流、增加就業機會、帶動地方發展、

活絡農村經濟之實例。

六、民宿與社區聚落之營造

　　一個社區聚落在營造前，應先就自己的環境、景觀、產業和文化資源加以盤點，勾勒出發展的目標和藍圖，進行具倫理、基礎文化與產業建設的營造（林梓聯，2004）。

（一）奠基與人力動員的倫理建設

1.理念宣導建立理念。
2.動員居民，認識彼此，成立組織。
3.安排學習，進行培育，提升居民能力。
4.進行各種資源與限制條件的調查分析。
5.確認首要議題，建立目標，描繪共同的願景。
6.進行參與式的規劃、設計、解決對策或行動方案。

（二）景觀自然調和、公共與公益齊全的基礎建設

1.景觀自然調和，綠意盎然，鳥語花香，晚霞滿漁船的特色。
2.公共公益設施齊全，生活便利舒適的生活圈。

（三）具生機魅力、就業機會的產業建設

1.創建農漁特產，建立全國品牌，繁榮社區經濟。
2.發展光芒四射的觀光休閒體驗活動。
3.農漁產品加工、傳統手工藝、鄉土美食、生態資源，塑造社區特色。
4.農漁村特殊節慶、季、祭、慶典活絡社區，豐富旅遊者心田。

（四）傳統文化與農漁村風光、化鄉愁為雨露的文化建設

1. 農林漁牧業蘊涵豐富的傳統文化，運用活動打響地方或社區知名度。
2. 農林漁牧三生產業與鄉村風貌文化習俗，與廟會慶典節季活化地方聚落。

第2節　民宿與地方休閒產業關係

民宿不只提供住宿給遊客，也將當地的觀光資源與產業特色，尤其是生產類資源、生態類資源、生活類資源介紹給遊客，一方面豐富民宿經營內涵，達到吸引遊客的目的，另一方面帶動地方產業發展，達到民宿與地方產業相輔相成，共同成長的目的。

一、結合休閒產業資源，豐富民宿經營內涵

民宿主要在提供遊客享受鄉村的自然與寧靜，並可體驗農事生活，了解當地的風土民情、人文景觀、產業文化，達到深度、知性、感性之旅。民宿經營不像休閒產業需本身擁有廣大的土地或農、林、漁、牧生產、生活、生態等資源，但民宿經營者要能善於規劃，廣加利用休閒產業資源，來豐富民宿經營內涵，僅就台灣休閒產業常見經營類型（陳昭郎，2002）分述如下：

（一）休閒農場

休閒農場一般均具有多種自然資源，如景觀、特有動植物及昆蟲等。因此休閒農場可發展的活動項目相當多樣性，常見的休閒農場活動項目諸如農園體驗、童玩活動、自然教室、鄉土民俗活動等。

（二）休閒林場

休閒林場具有多變的地形、遼闊的林地、優美的景觀。在寧靜的森林環境裡，傾聽自然音響，看大自然調和的色彩與線條變換，能使人情緒祥和。一般休閒林場也能提供的遊憩設施諸如森林步道、林間小屋、體能訓練場等。

（三）休閒漁場

休閒漁場是利用陸地水域或天然海域從事具經濟價值之水產品養殖，並應用水域資源發展相關遊憩活動。國內休閒漁場可分為養殖休閒漁場及沿岸休閒漁場二大類。

⊞ 養殖休閒漁場

1.淡水養殖類：可發展親水活動、垂釣、捉泥鰍、摸蜊仔、溯溪、溪流生態解說等休閒遊憩活動。
2.鹹水養殖類：可發展海水游泳、觀海景、漁鄉生活體驗、魚類生態解說、魚鮮餐飲等休閒遊憩活動。

⊞ 沿岸休閒漁場

可發展岸上及海上的休閒遊憩活動，如：奇岩區、海釣、親水活動、牽罟、定置漁場、石滬、潛水活動、漁村文化活動、漁村生活體驗、海洋環境教育等活動。

（四）休閒牧場

牧場除了生產鮮乳、羊肉及牛肉外，尚可規劃出放牧區、可愛動物區、保育區、烤肉露營區等活動類型。

（五）農村文化活動

農村文化系列的休閒農業型態，是結合農村地區的特有生活、

風俗習慣、農村人文、歷史古蹟等所發展的休閒農業類型。

（六）觀光果園

觀光果園一般來說主要是開放水果採摘為主，腹地較開闊的果園，還設有烤肉區、露營區、步道區等設施。

（七）觀光茶園

觀光茶園的經營型態大致以種茶、製茶為主。有些茶園則附帶經營茶坊，提供遊客品茗及買茶的去處，也開放民眾採茶與製茶的體驗活動，較具規模者甚至提供遊客民宿、餐飲及茶藝文化活動。

（八）觀光花園（圃）

觀光花園提供遊客前往參觀、購買花卉的地點。

（九）觀光菜園

觀光菜園一般以生產蔬菜為主，並提供遊客進入園區內體驗採購，設施較齊全的觀光菜園還提供現炒時蔬供遊客品嚐。

（十）教育農園

教育農園是兼顧農業生產與教育功能的農業經營型態，農園中所生產或栽植的作物及設施的規劃配置即具有教育功能。一般常見的有特用作物、熱帶植物、設施栽培、親子農園等型態。

二、民宿與休閒產業之共同使命

將傳統農、林、漁、牧生產經營方式，由一級產業轉型為三級服務產業，不僅有效利用原有農、林、漁、牧生產產品，提高經濟價值，更提供觀光、遊憩、休養及教育的機能，將有限的農林漁牧資源，轉換成為生活方式的維持及自然環境的保育，並可有穩定的

服務收入，是可預期的健康產業。民宿與休閒產業密不可分，唯有相互結合，才具有永續發展的前景，其共同使命有下列幾項：

1. 傳承地方鄉土文化、歷史文化與個人家族文化。
2. 與地方農林漁牧生產活動相結合，以提高地方產品之附加價值。
3. 與地區居民生活方式相結合，以形成地方特色，讓他人無法模仿移植。
4. 與地方環境生態系統相結合，避免觀光休閒活動所帶來的負面衝擊。
5. 將鄉土體驗融入休閒旅遊活動中，強化休閒農林漁牧業轉型的內容。

三、民宿與休閒產業之發展策略

台灣民宿與休閒產業之發展策略相當的多元化，各農場或民宿業者可以依照自己的資源特色、經營條件與在地特質，做不同的策略組合，茲列舉常見的發展策略如下：

1. 利用當地資源塑造特色。
2. 最少投資與最少人工作。
3. 掌握市場與價格。
4. 策略聯盟與套裝旅遊。
5. 家鄉禮盒與體驗活動。
6. 企業化經營。
7. 餐飲與住宿管理。
8. 人事與財務管理。
9. 引入民宿文化活動。
10. 建立品牌口碑。
11. 政府在制度活動支援的角色。

12.在環境、景觀、生態、產業與文化資源豐富地支持發展。

第3節　民宿之策略聯盟與組織運用

民宿難以單獨發展，除非是僅提供住宿之民宿，若是生活體驗型、遊憩活動型、特殊目的型民宿，則需要與當地產業或組織共同結盟，包括同業之間與異業之間的橫向與縱向結盟，都能達到「做大餅」的效應，亦即達成規模經濟以及聚集利益的產業效益。

一、民宿與社區、休閒產業之共同經營策略

（一）民宿與休閒產業共通的賣點

綠色、健康、休閒、娛樂——在擬訂經營策略時，要時時關注這些因素，考慮顧客的需求、競爭對手的行銷方式，有效地管理控制，期能獲致大眾的認可。

（二）準確了解休閒的基本內涵

尋求休閒文化與農林漁牧產業文化的有機結合，不僅是單純的住宿，還要透過相關的體驗活動，恢復體力和精神，彌補腦力的消耗，獲得新動力與靈感，增加創造力。

（三）改革傳統旅遊，強調特色體驗

多元化的消費時代，已不同於舊式觀光模式，輔以休閒化、體驗化、知性化的健康前提，進行開發研究，刻意彰顯出特色的主題。

（四）強化參與性活動，尋求互動的建立

應考慮旅客的便利性、隨意性，使人強烈感受到鄉土、輕鬆、休憩、養生的氣氛，給顧客有形與無形、精神上之紓解放鬆感受。

（五）把握休閒旅遊特性，滿足顧客休閒需求

休閒式旅遊的成功與否，取決於顧客的減壓需求、情調需求和宣洩需求，能否得到生理與心理的滿足。

（六）迎合休閒時尚，做好特色規劃

消費觀念日新月異的今天，人們對於品味愈加重視，保持高度的「敏感」，適度引導休閒時尚文化，融合農林漁牧產業的健康發展，迅速提高產品的流行性。

二、策略聯盟與觀光資源整合

（一）策略聯盟

⊞ 增加整體旅遊產品厚度與豐富度

策略聯盟或異業結盟不但使旅遊資源多元化，達到延長遊客停留時間及提高住客回流率的目的，亦能使各個不同的旅遊相關產業經營者專注於其原有的專長，而民宿經營者更可專注於居住環境之整理與自我特色的營造，使其旅遊產品及服務精緻化。

⊞ 使民宿經營單純化與節省人力及資金

透過策略聯盟或異業結盟，亦可使民宿經營者無須為了滿足遊客諸多需求而投入過多資金與人力，亦可相對減低民宿經營管理的複雜程度。例如，若能成立一聯合訂房中心，可協助處理訂房事務，經營者則可不用費心訂房流程與人力問題。

（二）觀光資源整合

⊞ 區域觀光資源整合提升整體競爭力

　　將民宿與社區、農林漁牧生產、生活、生態與地方自然人文資源整合成完整觀光資源供給面，用以創造並刺激觀光需求，達到延長遊客停留時間並提高住客回流的目的，更進一步提升了整體觀光行銷的競爭能力。

⊞ 觀光休閒產業凝聚共識與配合政府規劃

　　觀光資源的整合包含了土地利用、基本設施及公共設施、遊憩設施及活動、食宿問題、資源及遊客管理等等許多要素，此資源之整合恐非民間組織能力所及，透過產業共識與政府機關統籌規劃，才能竟其功。民間組織若能與政府配合運作，甚至與各社區的總體營造結合，當能收致更大、更永續的效益。

（三）組織運用

⊞ 台灣鄉村民宿發展協會成立

　　目前由行政院農委會輔導成立之台灣鄉村民宿發展協會，扮演起對會員民宿之輔導工作，並能主動與公部門協調溝通，包含民宿發展條例之條文修正案及各地民宿合法化之政策推動協助等；另外，台灣鄉村民宿發展協會也協助爭取政府相關行銷資源，包含組隊參加國際旅展，廣為宣傳台灣鄉村民宿產業之產品，增加行銷台灣民宿之機會。除此之外，還有辦理民宿產業之經營管理培訓課程及觀摩參訪等活動規劃，都是台灣鄉村民宿發展協會運用組織之力量來提供其服務功能。其中民宿會員也以共同行銷策略聯盟方式，籌組台灣鄉村民宿聯誼會等組織，不定期舉辦相關聯合行銷促銷專案及產業聯誼活動，增加彼此間行銷能力及合作機會。

⊞ 其他農業休閒組織的成立

　　包括帶領國內休閒農業發展，以及積極推動休閒農業事務的

「台灣休閒農業發展協會」，以及「台灣休閒農業發展學會」，加上各縣市之休閒農業發展協會，在策略聯盟與觀光資源整合方面，都扮演著關鍵性的角色。

第4節　民宿與社區發展案例分析

宜蘭縣員山鄉阿蘭城居民對社區觀光產業發展參與意願之分析（摘錄）（陳墀吉、尤正國，2001）：

一、前言

近年來政府積極推動農村地區傳統農業轉型為休閒農業的觀光策略，但由於社區既是在地居民長期生活與生產的環境，同時也是社區觀光營運時遊客遊憩活動和暫時生活的場所，兩者之互動對當地帶來強烈的衝擊，社區會面臨經濟、社會、文化發展轉變的影響，居民會面對居住環境與日常生活轉變的影響，這些影響就成為社區居民評估是否參與觀光發展的重點，其目標在於社區觀光是否能達成永續經營的理想，1990年在加拿大召開的全球國際大會對觀光永續發展目標作以下的描述：「所謂觀光永續發展最核心的一點是要保證在從事觀光旅遊的同時，不損害後代的發展而又能滿足其觀光旅遊需求，並進行觀光開發的可能性」，可見社區觀光永續發展的基礎，不損害後代的發展的概念，必須建立在全體社區居民的共識認同與全面參與，而非財團或個人的意志。

本節焦點在探討阿蘭城社區居民對社區觀光產業發展之參與意願與認同，期望透過居民調查，了解居民的參與意願，使在凝聚共識的過程中，找出認同的價值標準與努力方向；並且在未來觀光開發規劃與教育訓練過程中，順利引導居民共同參與，而在不改變阿蘭城居民的生活方式、不影響社區既有的生產方式、不破壞社區擁

有的生態環境、不背離阿蘭城開庄 202 年維持良好的傳統習俗與社區文化的原則下，使阿蘭城社區觀光能融合社區總體營造與社區觀光的特質，形成人與自然的生態和諧、人與人之間的社群和諧以及人與自身的身心和諧，達到阿蘭城永續經營的目的，這是本研究主要的研究旨趣。

本研究主要的研究目的有三：

1. 了解阿蘭城社區居民對社區觀光產業的參與意願。
2. 探討影響阿蘭城居民社區觀光參與意願之因素。
3. 分析阿蘭城居民社區觀光參與意願之差異性，以凝聚共同意識。

主要的研究方法除了主題文獻之回顧外，藉由田野調查法收集有關阿蘭城之各種資料，藉由問卷調查法，了解社區居民之參與意願、影響因素與發展認同。

二、阿蘭城農村社區的背景

阿蘭城社區在聚落屬性上是屬於集村，為開墾早期的防禦性「城仔」（許淑娟，1991）。阿蘭城所在的高平原區，「為漢人拓墾蘭陽平原的起點，……開發較早（1799 年），故居民的同庄意識自然較早形成，也較早形成祭祀圈」，是清代祭祀圈主要分布區域。「由於高平原區富於水源，又不虞水患，但靠近山區，有生番侵襲的威脅，因此，就居住關係而言，高平原區居民在定居以後，一則有防禦的必要，村民需集結而居，二則無須為了避水患而遷徙，所以較早形成村落意識，居民關係也比較穩定，自清代迄今，幾乎沒有什麼變化（陳瑞樺，1997）。直至現今，台灣整體經濟結構的轉變，仍未對阿蘭城農業經濟活動造成劇烈的衝擊，社區的居民意識與組織，仍以傳統風格方式持續的運作（阿蘭城社區「公共環境營造計畫」期中報告書，2000）。

　　阿蘭城社區現有 165 戶，總人口數 725 人，扣除 9 戶空戶，實住戶數 156 戶（員山鄉公所戶籍資料，1999）。在人口組成上，男女各占 53.2 ％與 46.8 ％，年齡分布呈現老化現象（見**表 2-1**），在教育程度上，大專以上學歷者占 5.9 ％，中等學歷者占 44.9 ％，小學學歷 26.5 ％，整體而言教育程度偏低（見**表 2-2**）。

　　阿蘭城氏族有鄭、張、江、吳、林五大姓，其中鄭、張、江三姓，約占總戶數之 50 ％，大致分布在西南側，氏族的勢力長久以來左右社區的發展。社區組織可以分為三大類，分別是與農會組織相搭配的芭樂、高接梨、園藝產銷班與研習班；以及由主要寺廟廣濟宮衍生發展出的廣濟宮管理委員會、將軍會、義女會、頌經研習班等宗教性的組織與團體。第三類社區組織，是互助與聯誼性的團體，其中活動力較強的，有守望相助會、婦女家政研習班、環保志工隊、資深居民歌仔戲團，以及 1997 年所成立的「阿蘭城新風貌促進會」，產業與宗教組織一直是社區運作機能的核心，幹部由地

表 2-1　阿蘭城社區人口統計表

年　齡		0-10	11-20	21-30	31-40	41-50	51-60	61-70	71 以上	總計
男	人　數	63	73	58	73	49	27	27	16	386
	百分比	8.7	10.0	8.0	10.0	6.8	3.7	3.7	2.3	53.2
女	人　數	58	49	63	62	40	24	26	17	339
	百分比	8.0	6.8	8.7	8.6	5.5	3.3	3.6	2.3	46.8
計	人　數	121	122	121	135	89	51	53	33	725
	百分比	16.7	16.8	16.7	18.6	12.3	7.0	7.3	4.6	100.0

資料來源：員山鄉公所戶籍資料（1999）。

表 2-2　阿蘭城社區學歷統計表

學　歷	研究所	大專	高中	國中	小學	自修	不識字	學齡前	總計
人　數	6	37	86	239	192	29	51	85	725
百分比	0.8	5.1	11.9	33	26.5	4	7	11.7	100.0

資料來源：員山鄉公所戶籍資料（1999）。

方頭人領袖擔任，也是社區的決策小組。

　　阿蘭城自開墾以來，即「以農立城」。阿蘭城的農地，在地目上均為旱田，有豐沛的湧泉灌溉。但由於土質多屬礫石，蓄水不易，農耕多以種植果樹為主，較少水稻。日據時曾種甘蔗，二、三十年前改種柳丁、金棗，約十年前逐漸改種芭樂（30％）、蓮霧（10％）、高接梨（20％）等水果。目前也有經濟價值較高的甜柿、金棗、檳榔、園藝栽培（30％）。本地也是全縣「紅心芭樂」的最大產區，除了農耕的產業以外，阿蘭城也有一些小規模的雞、豬及魚類養殖，但隨著國內經濟環境轉變，日漸式微，未來農業轉型已經勢在必行（見**表2-3**）。

　　因此阿蘭城社區相當符合農村社區的特點：

1.人口密度低，聚集規模小。
2.活動比較簡單，自給自足性比較強。
3.家庭功能健全，血緣關係濃厚。
4.人際關係密切，社區文化有濃厚的地方色彩。
5.勞動時間受季節影響，生活節奏比較緩慢。
6.生活水平偏低。（程貴銘，2000）

　　從社區學角度看，社區發展是綜合性的社區行為，從觀光學角度看，社區觀光不但是綜合性的社區行為，也是需要融合社區整體營造與發展小區域觀光的發展模式。因此，上述的社區經濟因素、

表2-3　阿蘭城社區主要農產統計

產業	果農								養殖		
類型	芭樂	蓮霧	高接梨	桃子	西瓜	鳳梨	香瓜	梨子蘋果	豬	雞	魚
規模	30公頃	5公頃	6公頃	2公頃	6公頃	4公頃	6公頃	10戶	2,000隻	30,000隻	2池

資料來源：員山鄉農會（1999）。

社群因素、家族以及個人背景因素，成爲影響居民社區觀光參與意願之主要因素。

三、研究設計

（一）研究對象

本研究以阿蘭城社區的「家戶」爲研究主體，調查對象包括參與該社區 15 個社區組織與工作，如守望相助、家政班、廣濟宮委員會……的居民，與社區的意見領袖、部分戶長爲主。

（二）抽樣方法

本研究以社區內的「家戶」爲單位，每戶最多取樣一份。抽樣調查採面對面人員訪談再填寫問卷方式進行，研究調查期間爲民國 90 年 7 月 1 日至 9 月 8 日止，爲期 70 天；總計回收有效問卷共 73 份，占全社區有人居住戶數 156 戶的 46.8 %（員山鄉公所戶籍資料 165 戶，1999 年員山風土調查有人居住 156 戶，空戶 9 戶）。

（三）問卷設計與內容

問卷設計爲封閉式問卷，本問卷採取具名受訪方式進行，若不願具名者，均視爲廢卷處理。問卷內容包含八大部分，第一部分爲受訪者參加社區的組織與工作調查；第二部分爲過去二年參加觀光旅遊的經驗；第三部分爲對阿蘭城發展社區觀光認同程度；第四部分爲對阿蘭城發展社區觀光產業的參與、專業與受訓意願；第五部分爲影響受訪者對社區觀光產業參與意願的因素調查；第六部分爲影響受訪者接受社區觀光教育訓練的因素調查；第七部分爲對未來發展的配合程度；第八部分爲個人基本資料。採用 Likert 量表，分爲五個衡量尺度（很高＝ 5，中高＝ 4，中等＝ 3，中低＝ 2，很低＝ 1），以了解社區居民對阿蘭城發展社區觀光認同程度和參與

意願。

（四）資料分析

本研究問卷資料分析採用 SPSS 統計分析軟體，進行一般敘述性統計（descriptive statistic）、單因子變異數分析（one-way ANOVA）及卡方檢定（Chi-square）的方法進行資料分析。

1. 敘述性統計：利用次數分配、百分比和平均數分析，以探討阿蘭城社區居民的基本屬性、旅遊經驗、參與社區組織工作、家屋利用情形、社區觀光發展的認同程度及參與意願，和影響個人參與社區觀光發展因素之狀況。

2. 單因子變異數分析：以單因子變異數分析來研究阿蘭城社區居民是否因「居民的基本屬性」、「旅遊經驗」、「參與社區組織工作」的不同而在社區發展觀光產業的認同程度與參與意願上，具有顯著性的差異。

3. 卡方檢定：以卡方檢定來分析阿蘭城社區不同的「居民的基本屬性」與選擇「影響個人參與社區觀光發展因素」間是否有關。

四、實證結果分析與討論

（一）基本資料分析

根據調查結果，分析「居民基本屬性」、「居民參與社區組織工作」、「居民旅遊經驗」、「社區家屋利用情況」等基本資料如下：

⊞ 居民基本屬性

1. 性別：本次受訪居民男性所占比率為 54.8 %，多於女性所占比率 45.2 %。

2.婚姻：本次受訪居民已婚者所占比率高達 91.6％為最多，而未婚者占比率 5.6％、喪偶占比率 2.8％。

3.年齡：本次受訪者年齡以 35-44 歲所占比率 31.9％為最多，45-54 歲（19.4％）與 55-64 歲（18.1％）合計占 37.5％，受訪居民為該社區「中年齡層人口」所占比例較高。

4.職業：根據調查分析結果，阿蘭城社區居民從事業農林漁牧所占比率 43.5％為最高，其次為其他（家管、自由業等）所占比率為 39.1％，其餘行業所占比率甚小。

5.教育程度：根據調查分析結果，阿蘭城社區居民教育程度，國小及自修所占比率 47.1％為最高，其次為初國中所占比率 28.6％，由此可發現該社區所受教育程度普遍偏低。

6.家庭人數：本次受訪者家庭人數以 3-5 人所占比率 43.1％為最高，其次為 6-8 人所占比率 37.5％，由此可發現該社區家庭型態偏向小家庭與主幹家庭（三代同堂）為主。

7.家庭月所得：本次受訪者願意回答者僅占 76.7％，家庭所得 3 萬元以下所占比率 43.9％為最高，其次為 3-6 萬元占比率 38.6％，顯示該社區居民所得偏低。（**表 2-4**）

⊞ 受訪居民參與社區組織工作

1.新風貌促進會：成立三年，在所有社區組織中算新生代，僅比環保志工隊（二年）長，但由於該會積極推動各類社區活動，在社區組織與動員上，扮演了相當重要的角色，社區居民參與情況為最高（50.7％）。

2.守望相助隊：其次為守望相助隊，參與所占比率達 41.1％，曾榮獲台灣省評比第一名，在每年寒暑假，均實施守望相助巡防，社區男性居民幾乎都參與本組織，對社區治安起了相當大的作用，對未來社區觀光發展的遊客安全也有相當維護作用。

表 2-4 受訪者基本屬性分析

變項		次數分配	比率（%）
性別	男	40	54.8
	女	33	45.2
	總和	73	100.0
婚姻	未婚	4	5.6
	已婚	66	91.6
	喪偶	2	2.8
	總和	72	100.0
年齡	15-24 歲	5	7.0
	25-34 歲	6	8.3
	35-44 歲	23	31.9
	45-54 歲	14	19.4
	55-64 歲	13	18.1
	65 歲以上	11	15.3
	總和	72	100.0
職業	學生	2	2.9
	軍公教	3	4.3
	農林漁牧	30	43.5
	工礦製造	2	2.9
	商業服務業	5	7.3
	其他	27	39.1
	總和	69	100.0
教育程度	國小及自修	33	47.1
	初國中	20	28.6
	高中職	10	14.3
	大專	7	10.0
	總合	70	·100.0
家庭人數	3 人以下	2	2.8
	3-5 人	31	43.1
	6-8 人	27	37.5
	9-11 人	5	6.9
	12 人以上	7	9.7
	總和	72	100.0
家庭月所得	30,000 元以下	25	43.9
	30,000-59,999 元	22	38.6
	60,000-89,999 元	5	8.8

（續）表 2-4　受訪者基本屬性分析

變項		次數分配	比率（%）
家庭月所得	90,000-119,999 元	2	3.5
	120,000-149,999 元	1	1.8
	150,000 元以上	2	3.5
	總和	57	100.0

3. 參與其他各項社區組織工作的人數並無明顯集中趨勢，其參與所占比率介在 22 ％至 27.4 ％之間。（**表 2-5**）

⊞ **社區居民旅遊經驗**

1. 對社區居民來說，購買農特產品所占比率為最多（62.9 ％），其次為品嚐鄉土餐飲（54.3 ％），因其仍是農村社區居民最熟悉的旅遊經驗。

2. 居民旅遊經驗中，曾住宿民宿農莊者所占比率為 27.5 ％，對阿蘭城社區未來發展成為民宿村，有此經驗的受訪居民可提供住宿民宿農莊的經驗與看法，扮演意見提供者的角色。

3. 從各項休閒農業（26.9 ％）、解說教育（25.8 ％）、生態旅遊（18.6 ％）、田野教學（16.4 ％）的遊程，參與比率並不高，因此應藉由居民本身農業、生態專業知識，加上舉辦各種解說訓練課程，來增加社區觀光的旅遊深度與內涵。（**表 2-6**）

⊞ **阿蘭城社區家屋利用情形**

1. 阿蘭城社區的家屋，其屋齡 10 年以上者所占比率達 75.3 ％為最多；權屬則以私人獨有所占比率 90 ％為最多；而樓層以雙層（50.7 ％）與三層樓（35.6 ％）的家屋結構為主。顯示出該社區屬於老舊及私人獨有產業的型態。

2. 而沒有空餘房間可供民宿所占比率為 75.4 ％，而有空餘房

表 2-5　社區組織與工作之參與情況

組織名稱	參與情況			總和（%）
	沒參加（%）	有參加是幹部（%）	有參加非幹部（%）	
新風貌促進會	36 (49.3)	9 (12.3)	28 (38.4)	73 (100.0)
廣濟宮管理委員會	57 (78.1)	8 (11.0)	8 (11.0)	73 (100.0)
廣濟宮將軍會	55 (75.3)	4 (5.5)	14 (19.2)	73 (100.0)
廣濟宮義女會	53 (72.6)	3 (4.1)	17 (23.3)	73 (100.0)
守望相助隊	43 (58.9)	8 (11.0)	22 (30.1)	73 (100.0)
環保志工隊	55 (75.3)	1 (1.4)	17 (23.3)	73 (100.0)
芭樂研習班	57 (78.1)	4 (5.5)	12 (16.4)	73 (100.0)

表 2-6　社區居民旅遊經驗

旅遊經驗項目	是否參加		總和（%）
	是（%）	否（%）	
是否住過民宿農莊	27.5	72.5	100.0
是否吃過鄉土餐飲	54.3	45.7	100.0
是否買過農特產品	62.9	37.1	100.0
是否參加休閒農業遊程	26.9	73.1	100.0
是否參加生態旅遊遊程	18.6	81.4	100.0
是否參加解說教育遊程	25.8	74.2	100.0
是否參加田野教學遊程	16.4	83.6	100.0
是否參加夏令營或體驗營	8.8	91.2	100.0

間，以一間所占的比率 14.5 ％為最多，其次為二間與三間所占比率各為 4.3 ％，如果欲朝向民宿村的方向發展，若能提高居民的參與意願，每戶願意提供三間以下的房間，共同參與社區民宿經營及體驗活動發展，是為較可行的方式。（**表2-7**）

表 2-7　阿蘭城社區家屋利用情形

		次數分配	比率（%）
家屋屋齡	10 年以內	18	24.7
	10-29 年	48	65.8
	30-49 年	4	5.5
	50-99 年	3	4.1
	總和	73	100.0
家屋形式	三合院	2	2.8
	平房	10	14.1
	透天厝	55	77.5
	別墅型農舍	4	5.6
	總和	71	100.0
家屋面積	50 坪以下	32	44.4
	50-99 坪	32	44.4
	100-149 坪	6	8.3
	150-199 坪	1	1.4
	200 坪以上	1	1.4
	總和	72	100.0
家屋樓層	單層	8	11.0
	雙層	37	50.7
	樓中樓	2	2.7
	三層	26	35.6
	總和	73	100.0
家屋權屬	獨有	63	90.0
	共業	4	5.7
	承租	1	1.4
	其他	2	2.9
	總和	70	100.0
可供民宿房數	沒有	52	75.4
	一間	10	14.5
	二間	3	4.3
	三間	3	4.3
	四間及以上	1	1.5
	總和	69	100.0

（二）認同與參與意願分析

⊞ 居民認同度分析

1.社區觀光發展之認同度

　　有關社區居民對社區觀光「應全力發展」的認同程度，由平均數分析結果（參見**表2-8**）顯示，居民認同「社區農產品」（4.02）為該區優先發展項目，其次為「社區觀光」（3.97）。若在「有條件發展」的認同程度下，居民則以「社區觀光」（4.23）為優先發展對象，其次為「社區農產品」（4.00）。綜合上述而言，如果未來在發展阿蘭城社區觀光不需要任何條件支持下，結合社區現存之觀光資源，推動社區農產品發展獲得居民最高的認同；此種原因我們推測可能與居民的職業背景有關。若發展社區觀光在有條件性的考量下，居民對於該社區觀光發展的認同程度最高，此現象也說明居民在發展該社區觀光的認同上，對於觀光未來發展可能會造成社區的擁擠、髒亂等負面影響已有考量，因此在該區未來發展觀光需有條件的。

　　其中居民對於「社區餐飲」是否有條件的認同程度上，持中立態度（3.07），原因為該社區無設立大型餐廳或飲食部；再加上距離宜蘭市區車程近，用餐便利，因此居民認同上並不明顯。（**表2-8**）

表2-8　阿蘭城居民對社區觀光發展之認同度

項目名稱	（A）應全力發展			（B）有條件發展		
	平均值	標準差	變異數	平均值	標準差	變異數
社區觀光	3.97	1.19	1.41	4.23	1.01	1.02
社區民宿	3.66	1.42	2.02	3.55	1.33	1.78
社區餐飲	3.07	1.50	2.24	3.07	1.36	1.85
社區農產品	4.02	1.40	1.95	4.00	1.40	1.97
社區體驗活動	3.81	1.29	1.66	3.77	1.29	1.67

備註：很高＝5，中高＝4，中等＝3，中低＝2，很低＝1。

2.居民基本屬性的認同顯著性

　　根據研究調查結果顯示，依居民婚姻狀況的不同對「社區觀光」發展認同具有顯著性的差異。而居民其職業背景不同，在「社區農產品」與「社區體驗活動」的認同具有顯著的差異性，表示居民的職業背景對社區農產品的發展有密切關係，而多舉辦社區體驗活動的推展，可使社區獲得額外的收入來源。在家庭人數方面，對「社區餐飲」與「社區體驗活動」有顯著差異存在，主要原因在人數多的家庭，應有較多剩餘的人力能投入在餐飲服務與社區體驗活動上。在家庭所得差異上，對「社區民宿」發展的認同也具有顯著性的差異，在實際的現地調查中發現一些較低收入的家庭，認為民宿是增加其主要收入的方法之一。（**表 2-9**）

3.居民旅遊經驗的認同顯著性

　　曾吃過鄉土餐飲的居民，對於發展社區觀光方面具有顯著性的差異；而曾住過民宿農莊、參加過休閒農業或解說教育遊程的居民，對於推展社區體驗活動方面，具有顯著性的差異，因不論先前參與過此些類別活動的人，其所獲得的旅遊經驗是好或是壞，都可提供有助於該社區體驗活動推展的建議。（**表 2-10**）

田 居民參與意願分析

1.居民參與社區觀光的意願分析

　　從整體平均值來看，其值介於 2.23 與 3.45 之間，大多數人對於參與經營、服務訓練意願持中立態度。

(1)在經營項目方面：最高為「社區農產品」（3.45），表示居民最想要經營的項目；最低為「社區餐飲」（2.84），因與居民須再投入更多人力、時間、成本等考量有關。

(2)在訓練服務方面：最高為各種教育訓練（3.36），居民想全方位學習各種觀光產業經營知識；最低為解說服務（2.23），可能表示居民有參與社區觀光、參與教育訓練的意

表 2-9　阿蘭城居民基本屬性對社區應全力發展觀光認同之顯著性差異

	社區觀光		社區民宿		社區餐飲		社區農產品		社區體驗活動	
	F檢定	顯著性	F檢定	顯著性	F檢定	顯著性	F檢定	顯著性	F檢定	顯著性
性別	1.365	0.257	2.427	0.059	1.297	0.283	1.441	0.232	1.023	0.404
婚姻	2.794	0.034*	0.630	0.643	0.733	0.574	2.078	0.095	1.933	0.119
年齡	0.214	0.929	1.526	0.208	0.266	0.899	1.111	0.360	0.951	0.442
職業	0.821	0.517	0.344	0.847	1.595	0.189	4.059	0.006*	2.716	0.040*
教育	0.808	0.525	1.448	0.231	0.246	0.911	0.341	0.849	1.940	0.118
家庭人數	1.704	0.162	1.009	0.411	2.852	0.032*	0.765	0.553	3.611	0.011*
家庭所得	0.757	0.558	4.019	0.006*	1.110	0.362	1.143	0.345	1.960	0.114

備註：* 代表 P ＜ 0.05。

表 2-10　阿蘭城居民旅遊經驗對社區應全力發展觀光認同之顯著性差異

認同 / 經驗	社區觀光		社區民宿		社區餐飲		社區農產品		社區體驗活動	
	F檢定	顯著性	F檢定	顯著性	F檢定	顯著性	F檢定	顯著性	F檢定	顯著性
住過民宿農莊	1.649	0.176	1.165	0.336	1.125	0.355	2.107	0.093	3.353	0.016*
吃過鄉土餐飲	2.625	0.045*	2.111	0.091	1.177	0.332	0.625	0.647	0.861	0.494
買過農特產品	2.245	0.077	1.256	0.298	2.194	0.082	1.192	0.325	1.295	0.284
參加休閒農業遊程	2.315	0.070	1.331	0.269	0.760	0.556	1.530	0.207	3.188	0.020*
參加生態旅遊遊程	2.200	0.082	0.582	0.677	1.740	0.155	0.633	0.641	0.777	0.545
參加解說教育遊程	1.927	0.158	0.918	0.407	1.542	0.225	0.279	0.758	3.758	0.031*
參加田野教學遊程	0.707	0.591	0.790	0.536	0.823	0.516	1.150	0.344	1.375	0.255
參加夏令營或體驗營	0.657	0.624	0.594	0.668	1.338	0.268	0.281	0.889	0.923	0.458

備註：* 代表 P ＜ 0.05。

願，但對自己解說表達能力顯現不足或懼怕辭不達意。

　　從以上看來，在全力發展社區觀光過程時是有條件的訓練居民，且需要更多誘因來引導參與及觀摩學習經驗，來輔導該社區觀光未來發展。（**表 2-11**）

2.基本屬性對發展觀光參與意願分析

　　性別對「領團服務」與「農產加工」參與意願具有顯著差異。年齡對「民宿服務」與「手工藝品」發展具有顯著差異，在研究調查過程中我們得知，由於該區中、老年人居多，有些年齡稍長居民的觀念較無法接受陌生人住進家裡；而在社區手工藝品發展之參與意願來說，對該區年輕人口外移而社區人口老化、教育程度不高的居民來說，如何找出具阿蘭城特色之手工藝品販售，亦是一項改善家庭經濟狀況的方式。家庭所得對於「解說服務」、「民宿服務」、「領團服務」、「手工藝品」具有顯著性的差異，表示社區居民所得

表 2-11　阿蘭城居民參與社區觀光經營、訓練服務之意願

項目名稱		參與意願		
		平均值	標準差	變異數
經營	社區觀光	3.30	1.55	2.39
	社區民宿	3.06	1.64	2.71
	社區餐飲	2.84	1.65	2.73
	社區農產品	3.45	1.61	2.60
	社區體驗活動	3.14	1.62	2.62
訓練服務	各種教育訓練	3.36	1.51	2.27
	擔任觀光義工	3.06	1.52	2.32
	解說服務	2.23	1.50	2.255
	民宿服務	2.48	1.57	2.472
	餐飲服務	2.75	1.73	3.004
	領團服務	2.79	1.71	2.919
	手工藝品	2.84	1.59	2.537
	農產加工	2.89	1.72	2.953

備註：很高＝ 5，中高＝ 4，中等＝ 3，中低＝ 2，很低＝ 1。

差距是造成社區觀光發展參與意願最主要之原因。（**表 2-12**）

3.居民參與社區組織對發展觀光參與意願分析

　　有無參加新風貌促進會、環保志工隊的居民對於「農產加工」具有顯著性的差異。由於上述組織肩負社區觀光、資源利用推展之職，例如：參加新風貌促進會，有較多的機會出外參與觀光發展觀摩，如到南投、彰化參觀水果釀酒的發展，有參與新風貌促進會的社區居民，就認為阿蘭城擁有豐富的水與水果資源，具有發展水果釀酒的潛力；但未參與該會的社區居民則認為社區果園規模太小沒有多餘水果產量，如何能夠釀酒。而有無參加芭樂研習班對於參與「解說服務」與「民宿服務」意願具有顯著性的差異。（**表 2-13**）

4.居民旅遊經驗對發展觀光參與意願分析

(1)居民是否曾住過民宿農莊的旅遊經驗，對於參與「解說服務」、「領團服務」、「手工藝品」的意願具有顯著性的差異。

(2)居民是否吃過鄉土餐飲的旅遊經驗，對於參與「解說服務」的意願具有顯著性的差異。

表 2-12　阿蘭城居民基本屬性對發展觀光參與意願之顯著性差異

參與意願 居民屬性	解說服務		民宿服務		餐飲服務		領團服務		手工藝品		農產加工	
	F檢定	顯著性	F檢定	顯著性	F檢定	顯著性	F檢定	顯著性	F檢定	顯著性	F檢定	顯著性
性別	3.881	0.054	0.483	0.490	0.205	0.652	0.000*	0.997	0.171	0.681	10.156	0.002*
婚姻	0.218	0.804	1.273	0.288	1.201	0.308	0.108	0.897	2.312	0.109	0.177	0.839
年齡	2.280	0.061	2.862	0.024*	1.197	0.323	2.080	0.085	2.768	0.028*	0.456	0.807
職業	0.542	0.743	0.442	0.817	0.704	0.623	1.137	0.355	0.730	0.604	0.955	0.455
教育	1.298	0.285	0.239	0.868	0.736	0.535	1.792	0.162	1.104	0.356	0.294	0.830
家庭人數	0.435	0.782	0.646	0.632	0.280	0.889	0.523	0.719	1.211	0.318	0.982	0.426
家庭所得	6.826	0.000*	2.835	0.028*	1.289	0.287	5.330	0.001*	2.524	0.045*	2.030	0.096

備註：* 代表 $P < 0.05$。

休閒農業民宿

表 2-13　阿蘭城居民參與社區組織對發展觀光參與意願之顯著性差異

社區組織＼參與意願	解說服務		民宿服務		餐飲服務		領團服務		手工藝品		農產加工	
	F檢定	顯著性	F檢定	顯著性	F檢定	顯著性	F檢定	顯著性	F檢定	顯著性	F檢定	顯著性
新風貌促進會	2.333	0.055	0.612	0.691	0.809	0.549	1.773	0.150	1.817	0.140	4.344	0.004*
廣濟宮管委會	0.690	0.633	0.492	0.781	1.671	0.157	1.801	0.144	1.548	0.203	2.246	0.077
廣濟宮將軍會	1.848	0.120	1.270	0.291	1.358	0.255	0.656	0.626	1.333	0.270	1.029	0.401
廣濟宮義女會	1.933	0.105	0.545	0.741	0.833	0.532	1.155	0.343	0.797	0.533	1.030	0.401
守望相助隊	0.910	0.482	0.324	0.897	0.288	0.917	0.626	0.646	0.823	0.517	2.333	0.068
環保志工隊	2.209	0.090	1.231	0.308	2.094	0.080	1.888	0.128	0.408	0.802	3.767	0.009*
芭樂研習班	6.977	0.000*	3.964	0.004*	0.939	0.463	2.521	0.053	2.531	0.052	1.912	0.123

備註：＊代表 P ＜ 0.05 。

(3)居民是否參加過休閒農業遊程的旅遊經驗，對於參與「解說服務」與「民宿服務」的意願具有顯著性的差異。

(4)居民是否參加過解說教育遊程的旅遊經驗，對於參與「解說服務」與「領團服務」的意願具有顯著性的差異。

(5)居民是否參加過夏令營或體驗營的旅遊經驗，對於參與「領團服務」與「農產加工」的意願具有顯著性的差異。

由上述來看，居民的旅遊經驗或多或少都會左右自己對該社區觀光發展的參與意願。（**表 2-14**）

表 2-14 阿蘭城居民旅遊經驗對發展觀光參與意願之顯著性差異

參與意願＼旅遊經驗	解說服務 F檢定	解說服務 顯著性	民宿服務 F檢定	民宿服務 顯著性	餐飲服務 F檢定	餐飲服務 顯著性	領團服務 F檢定	領團服務 顯著性	手工藝品 F檢定	手工藝品 顯著性	農產加工 F檢定	農產加工 顯著性
是否住過民宿農莊	8.332	0.001*	1.494	0.234	1.035	0.362	7.883	0.001*	3.861	0.027*	1.780	0.179
是否吃過鄉土餐飲	3.237	0.047*	2.998	0.058	2.532	0.088	1.989	0.148	2.093	0.133	1.438	0.247
是否買過農特產品	2.414	0.099	1.009	0.371	1.400	0.255	1.858	0.167	1.984	0.148	1.340	0.271
是否參加休閒農業遊程	7.588	0.001*	3.158	0.050*	1.753	0.182	0.994	0.377	1.444	0.245	0.729	0.487
是否參加生態旅遊遊程	0.731	0.486	1.044	0.359	0.645	0.528	1.945	0.154	2.255	0.115	1.114	0.336
是否參加解說教育遊程	3.393	0.041*	1.187	0.313	1.422	0.250	5.879	0.005*	1.287	0.285	1.007	0.372
是否參加田野教學遊程	1.474	0.238	0.033*	0.968	0.087	0.917	1.740	0.186	1.422	0.250	0.748	0.478
是否參加夏令營或體驗營	1.011	0.371	0.247	0.782	0.609	0.548	3.711	0.030*	1.504	0.232	0.020*	0.980

備註：* 代表 $P < 0.05$。

（三）影響個人參與社區觀光發展因素之分析

⊞ 影響個人參與社區觀光發展因素

1.從排序來看，前五項分別為：第一位為外部環境因素中「使社區整體環境更好」；第二位為個人因素中「個人的時間安

排」；第三、四位分別為社區因素中的「社區的未來發
展」、「社區的生活環境」；第五位為外部環境因素中「宜
蘭的未來發展」。這顯示在影響個人參與因素中，社區居民
對外在環境與社區意識重於個人與家庭因素，這對於推動社
區觀光有正面的影響。

2.社區觀光發展的共識上，因外在環境與社區意識的抬頭，個
人時間若能安排妥當，並有高度參與意願，對於阿蘭城發展
社區觀光，是很有利的條件。（**表2-15**）

表 2-15　影響阿蘭城居民個人參與社區觀光發展因素

因素		次數分配	百分比（%）	排序
個人	個人的未來發展	17	30.4	10
	個人的時間安排	28	50.0	2
	個人的資本財力	13	23.2	17
	個人的專業知識	19	33.9	8
	個人的身體健康	13	23.2	17
	個人的性向興趣	20	35.7	7
家庭	家庭的未來發展	21	37.5	6
	家中有無田園	16	28.6	13
	家庭成員的態度	17	30.4	10
	家中有無空房	19	33.9	8
社區	社區的未來發展	24	42.9	3
	社區的觀光資源	17	30.4	10
	社區組織的影響	11	19.6	19
	社區教育的影響	16	28.6	13
	社區鄉親的態度	15	26.8	15
	社區的生活環境	23	41.1	4
環境	宜蘭的未來發展	22	39.3	5
	使社區整體環境更好	32	57.1	1
	國內的發展趨勢	6	10.7	20
	因應加入 WTO 的衝擊	15	26.8	15

⊞ 居民基本屬性與影響個人參與社區觀光發展因素

1. 因「婚姻狀況」與「家庭的未來發展」有關，所以婚姻狀況不同，對於家庭未來發展因素具有不同看法。

2. 因「年齡」與「社區的未來發展」有關，所以年齡層不同，對於社區的未來發展具有不同看法。

3. 而因在「職業」與「個人的未來發展」、「個人的專業知識」、「社區的觀光資源」、「社區的生活環境」、「宜蘭的未來發展」、「國內的發展趨勢」六項間有關，所以職業不同，對於上述六項影響因素具有不同的看法。

4. 「教育程度」與「社區教育的影響」有關，所以教育程度高低不同，對於社區教育影響具有不同的看法。

5. 因「家庭人數」與「社區教育的影響」有關，所以家庭人數的多寡，對於社區教育的影響具有不同的看法。

6. 因「家庭月所得」與「家庭成員的態度」有關，所以家庭月所得高低不同，對於家庭成員的態度具有不同的看法。（**表 2-16**）

五、結論與建議

（一）結論

根據以上調查分析，本文提出下列結論：

第一，阿蘭城社區居民對社區觀光產業的參與意願方面。宜蘭縣員山鄉阿蘭城的居民多以從事農牧業的一級產業為主，所以學歷與家庭的月收入普遍不高，希望能透過社區農產品加工、民宿村的建立及觀光體驗活動的導入，使社區能夠推動觀光發展，而社區中的新風貌促進會為推動社區觀光的主要動力，其希望能藉由居民本身農業生產、生態專業知識和日常生活體驗，加上舉辦各種解說訓

表 2-16 「居民基本屬性」與「影響個人參與社區觀光發展因素」
之卡方檢定

因素	性別	婚姻	年齡	職業	教育	家庭人數	家庭月所得
個人的未來發展	0.349	0.334	0.648	0.040*	0.874	0.628	0.652
個人的時間安排	0.516	0.171	0.792	0.820	0.789	0.140	0.570
個人的資本財力	0.590	0.450	0.594	0.615	0.988	0.548	0.607
個人的專業知識	0.054	0.057	0.469	0.031*	0.687	0.132	0.610
個人的身體健康	0.192	0.751	0.459	0.563	0.187	0.470	0.954
個人的性向興趣	0.613	0.414	0.563	0.144	0.589	0.306	0.756
家庭的未來發展	0.195	0.048*	0.639	0.106	0.424	0.751	0.435
家中有無田園	0.315	0.393	0.117	0.231	0.877	0.298	0.859
家庭成員的態度	0.135	0.334	0.789	0.330	0.566	0.643	0.027*
家中有無空房	0.196	0.362	0.403	0.710	0.184	0.748	0.490
社區的未來發展	0.940	0.123	0.049*	0.069	0.677	0.160	0.488
社區的觀光資源	0.861	0.727	0.559	0.012*	0.480	0.083	0.301
社區組織的影響	0.523	0.318	0.270	0.583	0.555	0.501	0.596
社區教育的影響	0.315	0.302	0.597	0.120	0.036*	0.028*	0.371
社區鄉親的態度	0.196	0.750	0.530	0.631	0.289	0.686	0.248
社區的生活環境	0.760	0.109	0.279	0.009*	0.354	0.283	0.258
宜蘭的未來發展	0.319	0.558	0.933	0.024*	0.881	0.270	0.591
使社區整體環境更好	0.800	0.960	0.968	0.073	0.689	0.137	0.328
國內的發展趨勢	0.270	0.743	0.278	0.000*	0.888	0.219	0.086
因應加入 WTO 的衝擊	0.106	0.267	0.448	0.734	0.209	0.247	0.635

備註：* 代表 P < 0.05。

練、社區民宿經營及體驗活動規劃課程，來增加居民對社區觀光發展的認同程度及參與意願，進而使社區觀光擁有豐富旅遊深度與內涵。

第二，影響阿蘭城居民社區觀光參與意願之因素方面：從影響個人參與社區觀光發展因素之分析中，可看出社區居民對外在環境與社區意識重視程度高於個人與家庭因素，若能將影響個人參與因素第二位的「個人的時間安排」影響力降至最低，這點對於推動社

區觀光發展具有正面的影響。此外，個人基本屬性中的「職業」與多項影響個人參與社區觀光發展因素有關，說明了職業類別的不同影響個人參與觀光發展因素的選擇與看法。

第三，阿蘭城居民社區觀光參與意願之差異性方面。大多數人對於社區觀光參與意願持中等態度，最高為「社區農產品」（3.45）表示居民最想要經營的項目；最低為「社區餐飲」（2.84），因與居民須再投入更多人力、時間、成本等考量有關。在訓練服務方面：最高為各種教育訓練（3.36），居民想全方位學習各種觀光產業經營知識；最低為解說服務（2.23），可能表示居民有參與社區觀光、參與教育訓練的意願，但對自己解說表達能力顯現不足或懼怕辭不達意。

第四，從居民基本屬性分析，在發展民宿上，年齡稍長的居民觀念較無法接受陌生人住進家裡；而在社區手工藝品發展之參與意願來說，對該區年輕人口外移而社區人口老化、教育程度不高的居民來說，如何找出具阿蘭城特色之手工藝品販售，亦是一項改善家庭經濟狀況的方式。

第五，社區居民所得差距是造成社區觀光發展參與意願最主要之原因，所以在全力發展社區觀光過程時，若能讓居民體認到適度的觀光產業發展，可以為其帶來另一項收入來源，來改善目前生活狀況，並能有條件地訓練居民，創造更多誘因來引導社區居民參與及觀摩學習經驗，使該社區未來能朝向社區觀光發展。

（二）建議

據此，本文提出下列建議：

第一，居民對參與社區觀光發展之認同度較高（3.0-4.2），但對參與意願較低（2.8-3.5），建議召開「社區觀光發展說明會」，讓居民更了解社區觀光對阿蘭城發展之意義、功能與目的，或請觀光休閒業者說明自身經驗，或舉辦相關產業之「學習之旅」或「參訪

活動」。

　　第二，居民觀光發展參與意願（2.8-3.5）又高於職業訓練參與意願（2.2-3.4），可見居民對專業訓練之重要並不清楚，如何提高居民教育訓練意願，不僅非常重要，而且是絕對必需的，初期可利用「單元主題講座」方式進行訓練，後期再以產業性質開班，例如「民宿經營班」、「餐飲經營班」、「解說服務班」、「體驗活動班」等。

　　第三，在現有的「新風貌促進會」組織架構上，另外成立專屬部門，例如「觀光產業發展部」，專門處理社區觀光發展事宜，並聯繫整合現有之產業性組織，在部之下設組，負責對內、對外工作，例如「公關組」、「資訊組」等。

　　第四，尋求公部門之協助，特別是「農委會」、「文建會」、「觀光局」等單位，以爭取基礎設施、休閒設施之硬體建設經費，以及營運軟體之調查、規劃設計經費。

　　第五，加強與學術單位之合作，學習吸收觀光專業知識與技能，並提供未來發展方向、目標、程序、整體規劃等技術之執行或建議與諮詢。

第 3 章

民宿特色營造與品質評價

　　民宿之經營除了強調其合法性之外，主要的經營特點是以互動式的人際關係形式，結合在地農漁牧產業、景觀、文化及民俗為主軸，秉持清潔、舒適、安全等高品質的訴求。基本上，每家民宿的經營都應具有不同的特色，就連經營者本身的人格及個性也是特色之一。所以民宿要有特色才具遊客吸引力，不僅增加競爭能力，同時也降低彼此間的取代性；甚至是提供有別於一般旅館的另類他宿選擇。

第 1 節　特色民宿之定義與認定條件

　　雖然國內現行法規對特色民宿的定義有所規範與界定，但特色民宿之認定內容項目，仍依各地之發展需求有所不同，一般是由地方政府自行認定之。

一、特色民宿之定義

　　根據「民宿管理辦法」第 6 條，「民宿之經營規模，以客房數 5 間以下，且客房總樓地板面積 150 ㎡ 以下為原則。但位於原住民保留地、經農業主管機關核發經營許可登記證之休閒農場、經農業主管機關劃定之休閒農業區、觀光地區、偏遠地區及離島地區之特色民宿，得以客房數 15 間以下，且客房總樓地板面積 200 ㎡ 以下之規模經營之。前項偏遠地區及特色項目，由當地主管機關認定，報請中央主管機關備查後實施。並得視實際需要予以調整。」故客房數 15 間以內、總樓地板面積 200 ㎡ 以下的民宿，位於特定的土地分區，經過當地政府認定，可以「特色民宿」經營之。

原住民特色民宿

花屋特色民宿

石屋特色民宿

木屋特色民宿

磚屋特色民宿

草屋特色民宿

二、特色民宿之認定條件

（一）認定條件之設定與影響

由地方政府來訂定

「民宿管理辦法」第 6 條對偏遠地區之認定與特色民宿之條件規範，爲配合地區發展需求及總量管制等面向考量，爰規定由地方政府訂定。因此特色民宿之認定項目，依各地之發展需求將有所不同，此可從已設定特色民宿認定條件的縣市看出（見**表 3-1**）。

縣市政府可予以增減

另一方面，「民宿管理辦法」第 6 條亦提到，特色項目實施

表 3-1　已設置特色民宿之縣市及其認定項目

縣市	申請符合特色民宿認定項目
屏東縣	傳統建築、風味美食、產業文化、生態景觀、文化習俗
澎湖縣	生態或景觀特色、文化文史特色、建築特色、休閒農漁牧業特色、其他經本會認可有助於本縣觀光產業特色者、經營者特色
花蓮縣	經營服務、建築、景觀、其他
宜蘭縣	經營者、建築、景觀、服務設施
台南縣	建築特色、風味美食特色、產業文化特色、生態景觀特色、經營管理特色
高雄縣	建築、景觀、慶典活動、風味美食、旅遊服務
台中縣	生態特色、景觀特色、文化特色、建築特色、文史展示特色、收藏特色、休閒農業特色、產業生產過程體驗特色、特殊生活體驗特色、地方美食特色、配合政府發展地方觀光產業（活動）特色、服務經營特色
南投縣	人文特色、自然景觀特色、生態特色、環境資源特色、農林漁牧生產特色、其他特色、供膳食時須雇用具有中餐烹調技術之廚師證照及民宿經營者必須接受專業訓練
台北市	產業、當地文化、休閒農業、文史展示、地方美食、自然生態
台北縣	環境資源特色、人文特色、建築特色、經營者特色、地方美食特色
彰化縣	建築特色、景觀特色、產業特色、人文特色、服務特色
馬祖地區	環境資源特色、人文特色、特殊生活體驗、地方美食特色、經營者特色、其他

資料來源：交通部觀光局（2002）。

後，可視實際需要予以調整，故縣市政府可利用特色項目的增減，以配合發展需求，或達到總量控制的目的。

⊞ 地方政府設定認可條件

各地方政府所設定之認可條件，將成為欲登記為特色民宿之經營者的重要參考指標。故特色民宿之認可條件，對於當地民宿特色之形成有極大的影響。

（二）特色民宿認可項目

各地主管機關於訂定特色民宿之認定項目時，首先應審查某些特定的必要條件。必要條件被認可後，再評估其民宿環境面與民宿經營面是否具有特色。故民宿經營者可衡量所具備條件及可營造之特色提出申請。例如民宿業發達之宜蘭縣對特色民宿認定項目，以經營者、建築、景觀、服務設施等條件為主，台中縣之項目則較廣泛，包括生態特色、景觀特色、文化特色、建築特色、文史展示特色、收藏特色、休閒農業特色、產業生產過程體驗特色、特殊生活體驗特色、地方美食特色、配合政府發展地方觀光產業（活動）特色、服務經營特色等，顯示各地方政府之認定有所差異。

第2節　民宿特色之營造

從民宿基地位置、外觀建築風格與房間格局，乃至社區產業特色、主人魅力、餐飲美食等均是民宿特色營造之題材，先要認識自我之優勢條件，掌握發揮時機，才能營造具競爭力與吸引力之特色。民宿要創造特色，民宿特色之營造，完全視主人用心程度而定，創意且高附加價值的服務，貼心且親切的互動方式，為民宿口碑行銷之最佳動力。

一、進行民宿 SWOT 分析

民宿經營者進行 SWOT 分析，以了解民宿經營者本身之條件，並揚優補劣，利用相關訓練課程思考經營者本身內外條件及周遭環境之優劣：

1. 優勢（strengths）：與民宿主人密切的互動、不同文化的體驗等。
2. 劣勢（weaknesses）：設備不及五星級大飯店、交通不甚便利等。
3. 機會（opportunities）：現代人重視自然休閒生活，選擇民宿的機會增加。
4. 威脅（threats）：民宿的性質參差不齊、削價競爭，影響整體民宿形象。

二、評估民宿所在位置適宜性與潛在特色

地點的選擇最重要，擁有一個良好的資源景觀點及豐富的生態區即可達到事半功倍的效果。民宿所在地可為農村、漁村、山地部落、觀光地區、溫泉區、山區，而所經營的型態也因區段不同而有所差異。區域附近有老街、古蹟、步道、公園、河谷、海灘等資源；另外還包括聚落之美、山海風光、晨昏變化的自然景色、特殊的小吃、特產和豐富的文化背景。

三、獨特的民宿建築風格

配合當地景觀搭建，可為三合院、竹管厝、小木屋或歐式建築以及原住民的石板屋，以不破壞周邊視覺效果為原則，切忌搭建鐵皮屋。外觀塑造與內部陳設可呈現主人的品味。

四、舒適溫馨的住宿空間

安全、衛生、自然、環保及環境綠美化，兼具質感與美感。景觀優美、光線充足、通風良好、設備完善、方便使用，而且要價格合理，更重要的是溫馨、舒適，一種像家的感覺。

五、善於對待顧客的經營管理

針對每一個顧客或家庭成員的特質建立精確的資料庫，以最好的朋友或家人關係量身訂作特定的接待方式，讓他也能把你當成至親好友，終而成為忠實的顧客群，也會主動幫你口碑相傳，提升顧客的回流率。

六、充分運用社區資源與產業文化特色

民宿本身所擁有的範圍資源不大，因此必須廣為運用社區資源，運用當地的人文、景觀、生態、民俗等作為導覽解說的題材與地點，提供給遊客深一層認識本地特色的機會，對當地留下更好的印象。

七、產業文化的塑造

當地產業擁有悠久的歷史與農民辛苦的血汗，每種產業都有它的歷史背景，從其生長的環境、成長過程每一階段都具有意義，它所能提供遊客需求的有哪些、是否充分去運用它鮮為人知的周邊效益。用在地人對它最了解的特色與觀察力介紹予遊客，並帶領遊客實際去體驗，讓遊客在寓教於樂當中體會農民的辛苦從而去珍惜它、愛用它，間接幫助產品的運銷，促進產業文化的永續經營。

八、特殊風味美食

民宿所提供的餐飲其實不用照專業餐廳或大飯店般刻意去營

造，只要將當地時令特產運用巧思以最道地的口味呈現即可。如客
家的薑絲炒大腸、客家小炒，原住民的竹筒飯、石板烤山豬肉、小
米酒，新竹貢丸、米粉以及具有產業特性的梅子餐、蓮子餐、水果
餐、海鮮、焢土窯等等各具鄉土風味，選擇最適合當地的餐飲提供
在遊客的餐桌上必可讓其回味無窮，特色餐飲的用心，可從下列項
目著手：

1.菜色、口味，質與量的掌握。

2.新鮮、特色。

3.空間的感覺。

4.細心的服務。

5.餐具的選用。

6.座位的舒適。

九、認眞用心的主人

（一）扮演主人的關鍵角色

角色的扮演是民宿經營上最重要的基礎，因為主人的熱情，拉
近了和住客間的距離，也因為主人的用心而使客人感動，更因為主
人的眞誠讓主客間的關係變得自然而和諧，一個好的主人，是可以
讓住客放心而且安心的人，扮演好主人的角色才能使經營品質更為
提高。

（二）主人與住客之互動

民宿與一般旅館最大之不同，即是民宿與遊客之互動，民宿主
人要能展現親和力，穿針引線讓遊客都有相互認識的機會，讓他們
在此相處的期間不會有隔閡，能彼此放開心胸盡興的去玩。主人亦
須具備職業敏感度，隨時注意遊客的感覺，適時關懷，多與遊客接

觸聊天，安排一固定時間與遊客們泡茶、談天說地，透過閒談中可將主人為何要辦民宿之理念、所秉持的格調與品質告知他們，讓他們對民宿有更深一層的認識，進而愛上民宿。

（三）善用資源

愛鄉土、愛自然、懂得品味生活、具服務之熱忱、堅持特色和風格，而且要熟悉當地資源特色及文化特質。結合興趣、理念、夢想和熱情，創造一種人性化的休閒生活，用珍惜的態度，去運用周邊的資源，用分享的心情，把美好的生活經驗和有緣的朋友互相交流。除此之外，當然還需要其他因素條件來配合，包括整體生態環境的維護及經營、旅遊資訊服務系統建立及社區總體營造之環境搭配等等，都是影響著當地民宿經營成果之關鍵因素。

（四）細心觀察與記錄旅客特性

在聊天當中，主人要留意每一遊客不同的屬性與特質，事後並詳予記錄，待下次再來時，便可依其所好去待他，這會讓遊客有種受寵若驚的感覺，亦會深刻感受到主人的用心。

（五）主人品味與專長發揮

適時發揮主人的專長，並帶領遊客一起投入，如玩陶土、欣賞古董或收集品、吉他彈唱、雕刻、書法、畫畫、手工藝等等，這當有助於主人魅力的加分。

（六）誠實和信用

服務和經營最重要的是誠實和守信用，住客最不能接受的是一種受騙的感覺，不論是產品或是無形的服務，最重要的是讓人感受物超所值。讓顧客滿意就是最好的互動，讓住客有一種超乎他所期待的感受，好的經營者必須具備良好的品德基礎，以誠實的態度和

守信用的精神，才能贏得更多住客的愛護和支持。

十、用分享的心情，觀察傾聽

　　民宿經營者應將主客之間的關係視爲朋友，可以放開心胸、拉近距離，不但建立了良性的互動模式，也讓老主顧成爲好朋友，對經營者而言客層會更加穩定，對消費者而言將可滿足其更豐富的消費內涵，把顧客當朋友將是一種互動最好的模式，優秀的經營者必須具備高度的感受能力，而且很清楚住客的需要。所以必須在很短的時間內讓住客滿意，而溝通是最重要的方法，經由良好的溝通才能讓主客之間產生良好的互動。而溝通最重要的是必須細心的了解住客，除了聽其言更要觀其行，用心和細心傾聽住客心情，若能將心比心貼心的服務更能發揮良善的互動效果。

十一、培養主人的經營能力

　　良好的理念是經營者和消費者之間最佳的橋樑，唯有透過好的經營理念，才能讓住客感受經營者的用心和對客人的尊重和努力。民宿經營者的風格乃延伸於自身的經營理念，包括對於產品、服務的堅持，對於員工的照顧，社會責任以及和社區的關係，都會影響經營的本質，民宿主人有良好的經營理念，讓住客有不同的感受與感動，培養良好的經營能力可從下列幾個方向著眼：

　　1.不斷地充實、學習及成長。

　　2.把客人當好朋友看待。

　　3.展現主人的特質、專長與特色。

　　4.良好的敏感度、態度、細心與包容。

　　5.精緻化的經營、小而美的呈現。

　　6.美感的追求和藝術的品味。

　　7.提升人與人互動能力。

十二、創造居家空間的魅力

　　環境和空間將影響主客間的互動，一個舒適美好的空間和環境可以讓彼此間的互動更為加分。而打造一個優質的空間和環境，是一個經營者必須掌握的基礎，任何消費者都希望可以在美好的環境中消費。創意塑造更美好的感受，超越住客的想像，創造居家空間的魅力，可從下列項目著手思維：

1.空間的規劃。
2.佈置的概念。
3.顏色的搭配。
4.燈光的運用。
5.盆栽與造園的設計。
6.音樂的欣賞。
7.衛浴設備。
8.字畫的位置。
9.創意空間。
10.窗景的利用。
11.陽台的充分利用。
12.庭園的塑造。
13.鮮花的運用。
14.提供一個書房。
15.DIY 的簡式設備。
16.小客廳的設置。
17.衣櫥、鞋櫃等。

十三、區域資源的整合運用

　　創造高附加價值的產品與服務，民宿經營者必須努力創造高附

加價值的產品和服務，才能贏得消費者的支持和愛護。讓住客有物
超所值的感覺，可將區域資源整合運用：

  1.經營民宿，也帶動社區。

  2.產業、產品的行銷。

  3.結合當地用心經營的民宿。

  4.小吃、特殊農產。

  5.特色、創意的店和經營者。

  6.自然景觀的欣賞。

十四、活動的安排與規劃

  設計在地的體驗活動，接觸和體驗往往可以創造意想不到的互
動效果，經由活動，真實地去感受，讓住客親身體驗之後的感受，
一定比其他的方法更印象深刻，創造美好而特別的體驗是經營者必
須努力的方向。而活動的安排與規劃，應掌握以下四個方向思考：

  1.了解客人的需求。

  2.快樂、舒適、美好的回憶。

  3.感受、體驗、學習當地的生活。

  4.節慶活動的運用。

十五、套裝行程的設計

  解說和介紹是主人傳達訊息的最佳模式。透過導覽解說可以增
進住客的認知，包括對產品、環境以及一切相關的知識和訊息，讓
住客很方便地了解，很快地進入狀況，了解經營者的想法和經營內
容，也讓主客之間的互動更快進入狀況，套裝行程的設計應注意下
列事項：

  1.考慮體力及需求，知道客人要的是什麼。

2.路線、交通、動線、地點的選擇。

3.時間的安排、掌握。

4.導覽解說服務之運用。

第3節　民宿品質之評價與案例分析

　　民宿經營不在求人潮川流不息，貴在回流的客人有沒有逐年提升，因為如果沒有回流的熟面孔，三年後你的客人將會逐年減少。回流率的多寡可代表你的經營成功與否。民宿經營除創造特色、維持一定的格調與水準外，可透過問卷或老顧客訪談方式來衡量本身服務品質與了解遊客之需求為何。

　　國內學者曾以宜蘭地區民宿之住宿遊客為調查對象，問卷設計內容乃針對宜蘭地區民宿的設施、服務、環境景觀、經營管理、體驗活動等層面及遊客的社經背景屬性與旅遊形式來評價。

　　茲將遊客對宜蘭地區民宿評價之研究案例成果分述如下（楊永盛，2003），可作為民宿業者檢視經營管理與服務品質衡量之參考。

一、遊客社經背景屬性與旅遊形式

（一）遊客社經背景屬性部分

1.性別：宜蘭地區民宿遊客調查樣本結果顯示，女性選擇民宿住宿行為略高於男性。

2.年齡：年齡結構的分布以18-35歲「青少年」、「青年」之年輕族群所占比率最高。

3.職業：職業以從事「商業／服務業」類別者居多。

4.教育程度：教育程度則隨受教育程度之高低而有明顯增加，

以「大專院校」者所占人數最多。

5.居住地：居住地點以散布在北部的遊客占多數，而來自中南部及東部縣市遊客較少。（**表 3-2**）

綜述前項研究結果，宜蘭地區民宿以吸引台灣北部縣市之 18-35 歲青年及青少年族群、商業（含資訊）服務業、高學歷為主要客源。

（二）旅遊形式部分

1.**旅遊次數**：民宿遊客過去一年內至宜蘭地區從事旅遊活動者之次數，以四次（含）以上者所占比率最高，其次是初訪

表 3-2　宜蘭民宿遊客之基本屬性表

	變項名稱	次數	百分比（%）		變項名稱	次數	百分比（%）
性別	男	239	47.1	教育程度	自修及國小	7	1.4
	女	268	52.9		初中／國中	22	4.3
	總和	507	100.0		高中／高職	128	25.2
年齡	18-25 歲	145	28.6		大專院校	305	60.2
	26-35 歲	215	42.4		研究所（含）以上	45	8.9
	36-45 歲	91	17.9		總和	507	100.0
	46-55 歲	43	8.5	職業	學生	71	14.0
	56-65 歲	9	1.8		公教軍警人員	57	11.2
	66 歲（含）以上	4	0.8		農／林／漁／牧業	22	4.3
	總和	507	100.0		工礦／製造業	63	12.4
居住地區	北部（基北桃竹苗）	354	69.8		商業／服務業	169	33.3
	中部（中彰雲投）	77	15.2		家管	32	6.3
	南部（嘉南高屏）	59	11.6		其他	21	4.1
	東部（花東）	16	3.2		退休	2	0.4
	其他	1	0.2		資訊業	70	13.8
	總和	507	100.0		總和	507	100.0

者，而初訪與重遊遊客之比例爲 3：7。

2. 交通工具：以「自行開車」前往者最多，約占樣本人數之五成。

3. 同行人數：同行人數以 2-5 人結伴同遊居多。

4. 旅遊天數：以 2 天 1 夜之遊程型態所占比率最高。

5. 住宿次數：以第一次選擇民宿住宿人數居多。

6. 停留天數：則以 1 夜之過夜型態所占比率最高。

7. 選擇民宿因素：住宿則以民宿的「環境優美」、「主人親切」及「價格合理」、「鄰近風景區」爲主要原因。

8. 選擇房間形式：以套房形式居多。

9. 住宿民宿時段：住宿民宿時段多集中在週休二日的星期六。

10. 資訊來源：以「親友（口碑）介紹」最多，「網路搜尋」與「跟團前往」居次。

11. 平均房價：在民宿房價平均花費以 401-1,200 元最多；有七成遊客認爲宜蘭地區民宿房價是合理的。（**表 3-3**）

　　從初訪者與重遊之客源所占比例，推論宜蘭地區觀光發展還有相當大的潛在市場空間；依交通工具及同行人數比例，得知民宿遊客以小眾觀光爲主，停留天數與住宿時段，充分顯示週休二日所帶來之預期效果；而選擇民宿住宿原因也凸顯出民宿之特色條件有別於旅館之住宿設施；民宿口碑仍是民宿行銷之最佳管道；套房形式之房間與低價位的房價，爲一般民宿遊客可接受之需求。

二、遊客對宜蘭地區民宿評價重視程度分析

　　受訪遊客分別就民宿「設施」、「服務」、「環境景觀」、「經營管理」四大項目，依重視程度評價如下（**表 3-4**）：

表 3-3　宜蘭民宿遊客之旅遊形式表

變項名稱		次數	百分比 (%)	變項名稱		次數	百分比 (%)
旅遊次數	一次	159	31.4	選擇住宿原因（複選題）	地點適中	12	5.0
	二次	110	21.7		食物好吃	15	6.3
	三次	68	13.4		主人安排體驗活動	6	2.5
	四次（含以上）	170	33.5		方便參加節慶活動	7	2.9
主要交通工具	火車	103	20.3		喜歡定點式度假	13	5.4
	汽車	248	48.9		房間乾淨整潔	15	6.3
	遊覽車	106	20.9		總和	240	100.0
	機車	25	4.9	房間形式	套房	312	61.5
	客運	22	4.3		雅房	76	15.0
	其他	3	0.6		和室房	52	10.3
同遊人數	自己	9	1.8		通鋪房	55	10.8
	2 人	111	21.9		小木屋獨棟式	6	1.2
	3-5 人	168	33.1		其他	6	1.2
	6-9 人	94	18.5	房間大小	1-2 人房	178	35.1
	10-20 人	52	10.3		3-4 人房	227	44.8
	21-45 人（含以上）	73	14.4		5-9 人房	70	13.8
旅遊天數	二天一夜	391	77.1		10 人以上房	32	6.3
	三天二夜	95	18.7	住宿日	週一至週四	102	20.1
	四天三夜	16	3.2		週五	61	12.0
	五天四夜（含以上）	5	1.0		週六	286	56.4
住宿次數	第一次	385	75.9		週日	58	11.4
	第二次	94	18.5	獲得住宿資訊來源（複選題）	以前曾經住過	54	10.7
	第三次	18	3.6		親友介紹	180	35.5
	第四次（含以上）	10	2.0		網路搜尋	122	24.1
停留天數	1 夜	451	89.0		路旁廣告	16	3.2
	2 夜	43	8.5		報章雜誌	39	7.7
	3 夜	10	2.0		廣播電視	13	2.6
	4 夜（含以上）	3	0.6		跟團前往	64	12.6
選擇住宿原因（複選題）	路旁經過	4	1.7		由其他旅館介紹	7	1.4
	親友介紹	19	7.9		宜蘭旅遊服務中心	9	1.8
	主人親切	41	17.1		其他	3	0.6
	價格合理	21	8.8	平均房價	400 元以下	67	13.2
	環境優美	49	20.4		401-800 元	220	43.4
	鄰近風景區	20	8.3		801-1200 元	166	32.7
	舊地重遊	8	3.3		1,201-1,600 元	35	6.9
	交通便利	10	4.2		1,601 元（含以上）	19	3.7

（續）表 3-3　宜蘭民宿遊客之旅遊形式表

變項名稱		次數	百分比（%）	變項名稱	次數	百分比（%）
房間訂價	房價很高	8	1.6			
	房價稍高	97	19.1			
	房價合理	379	74.8			
	房價稍低	18	3.6			
	房價很低	5	1.0			

表 3-4　遊客對宜蘭地區民宿評價表

設施方面	平均數	標準差	排序	服務方面	平均數	標準差	排序
炊事設備	5.84	2.61	1	早餐的提供或安排	5.90	1.42	1
停車空間	5.77	1.63	2	諮詢服務	5.81	1.31	2
緊急照明燈設施	5.68	1.42	3	晚午餐的提供或安排	5.78	1.62	3
消防安全設施	5.67	1.43	4	提供交通接駁服務	5.77	1.79	4
客房設備	5.67	1.16	5	當地特殊活動安排	5.72	2.38	5
供水與通訊電話等設施	5.63	1.38	6	環境人文資源解說服務	5.65	1.51	6
客房用品供應	5.57	1.23	7	鄰近觀光遊憩資源資訊的安排	5.62	1.50	7
衛生設備	5.57	1.22	8	代客訂購當地農特產品的服務	5.58	1.67	8
冷熱水飲用水設施	5.56	1.33	9				
淋浴設備	5.55	1.26	10				
戶外活動設施	5.49	1.44	11				
簡易醫療設備	5.45	1.66	12				
整體評價	5.62	1.48		整體評價	5.73	1.65	
環境景觀方面	平均數	標準差	排序	經營管理方面	平均數	標準差	排序
室內外美綠化造景	6.07	2.90	1	客房乾淨程度	5.83	1.12	1
庭院環境景觀	5.97	1.14	2	環境清潔程度	5.82	1.12	2
室內裝潢氣氛	5.94	2.93	3	規劃地方餐飲	5.82	1.14	3
周遭環境視野風景	5.93	1.13	4	周邊簡介提供	5.82	1.14	4
建築外觀	5.89	1.16	5	整體氣氛營造	5.81	1.15	5
室內整體空間運用	5.84	1.10	6	價格	5.81	1.13	6
遊憩景點的易達性	5.84	1.17	7	宣傳廣告	5.79	1.17	7
				地點指示牌	5.79	1.17	8
整體評價	5.93	1.65		整體評價	5.81	1.14	

註：評價範圍從「1」至「7」，「1」表示非常不重視，「7」表示非常重視。

（一）設施

遊客對民宿「設施」項目的評價，最重視的前五項依序是：

1. 廚房、烤肉等炊事設備。
2. 停車空間。
3. 緊急照明燈設施。
4. 消防安全設施。
5. 客房設備等。

推論其主要原因是投宿民宿者以自行開車前往居多，因此在停車空間的需求上也是遊客重視的一部分，其中調查發現旅客的安全設施需求也是遊客重視設施項目之一。

（二）服務

遊客對民宿「服務」項目的評價，重視程度依序是：

1. 早餐的提供或安排。
2. 諮詢服務。
3. 晚午餐的提供或安排。
4. 提供交通接駁服務。
5. 當地特殊活動安排等五項。

對於民宿住宿的客人而言，其最重視民宿業者能提供餐飲的服務，而其次在民宿的鄰近景點介紹或諮詢服務，能夠幫助遊客盡興暢遊，減少盲目摸索的風險性，遊客的遊憩體驗過程中，扮演著相當重要的角色。

遊客最不重視的項目是「代客訂購當地農特產品的服務」，其主要是因遊客大多驅車前往，選購當地產品非常便利，因此不需要此種服務。

（三）環境景觀

遊客對民宿「環境景觀」項目的評價，重視程度依序是：

1.室內外美綠化造景。
2.庭院環境景觀。
3.室內裝潢氣氛。
4.周遭環境視野風景。
5.建築外觀等五項目。

民宿大多鄰近環境優美的遊憩據點，而環境優勢可能會吸引較多遊客的重視與青睞，未來應減少民宿與環境格格不入的人工設施。

遊客最不重視的項目是「遊憩景點的易達性」，其主要的原因可能是遊客多為自行驅車前往宜蘭地區，因此在遊憩景點的易達性的重視度上較不受距離的影響。

（四）經營管理

遊客對民宿「經營管理」項目的評價，重視程度依序是：

1.客房整理乾淨程度。
2.環境清潔衛生程度。
3.規劃地方餐飲。
4.民宿與周邊資源簡介資料提供。
5.整體環境氣氛營造等五項目。

三、遊客對宜蘭地區民宿評價因子之組成構面

首先本研究透過因素分析以最大變異（varimax）法進行共同因素正交轉軸處理後，以清晰了解該次遊客對宜蘭地區民宿評價因

子之組成構面。並採用最大變異法轉軸，使其構面間具有較佳的解釋能力。本研究之評價題項可重新縮減為四大組成構面，其累積解釋變異量為 78.98 ％，分別命名為「客房管理」、「遊憩服務」、「基本設施」、「景觀規劃」。（見**表 3-5**）

四、民宿評價因子之組成構面與推薦意願多元迴歸分析

使用四個預測變項（即民宿評價因子之組成構面）預測效標變項（推薦意願），使用多元迴歸分析，達顯著的變項有「客房管理」、「遊憩服務」、「基本設施」、「景觀規劃」；多元相關係數為 47.6 ％，其調整過後的聯合解釋變異量為 0.216，就單一變項的解釋量（即標準化係數值）來看，以「基本設施」層面的預測力最佳，研究結果顯示如**表 3-6**，民宿「基本設施」的優劣（如安全、客房的盥洗配備）是未來導致遊客是否推薦親友至該民宿消費意願的前置因素。

五、結論與建議

（一）結論

第一，宜蘭地區遊客對民宿「設施」評價重視項目前三項為廚房、烤肉等炊事設備、停車空間、緊急照明設備；對「服務」評價重視項目前三項依序為早餐的提供或安排、諮詢服務、晚午餐的提供或安排；對「環境景觀」評價重視項目前三項依序為室內外美綠化造景、庭院環境景觀、周遭環境視野風景；對「經營管理」評價重視項目前三項依序為客房整理乾淨程度、環境清潔衛生程度、民宿與周邊資源簡介資料提供。

第二，遊客對宜蘭地區民宿整體評價因子經由因素分析得到「客房管理」、「遊憩服務」、「基本設施」、「景觀規劃」等四個構

表 3-5 遊客對評價民宿因子之組成構面表

題項內容	組成構面				平均數	Cronbach's Alpha	共同性
	客房管理	遊憩服務	基本設施	景觀規劃			
客房乾淨程度	0.896						0.950
室內整體空間運用	0.893						0.941
環境清潔程度	0.890						0.947
價格	0.886						0.945
規劃地方餐飲	0.882				5.73	0.996	0.946
周邊簡介提供	0.881						0.963
整體氣氛營造	0.874						0.953
地點指示牌	0.866						0.950
宣傳廣告	0.859						0.936
環境人文資源解說服務		0.868					0.819
提供交通接駁服務		0.789					0.702
代客訂購當地農特產品的服務		0.767					0.757
鄰近觀光遊憩資源資訊的安排		0.750					0.776
諮詢服務		0.727			5.14	0.931	0.699
戶外活動設施		0.669					0.660
簡易醫療設備		0.607					0.618
晚午餐的提供或安排		0.603					0.676
客房用品供應			0.769				0.712
緊急照明燈設施			0.704				0.744
客房設備			0.699				0.669
冷熱水飲用水設施			0.686				0.724
淋浴設備			0.662		5.45	0.931	0.811
消防安全設施			0.650				0.771
供水與通訊電話等設施			0.648				0.719
衛生設備			0.598				0.786
早餐的提供或安排			0.567				0.641
遊憩景點的易達性				0.691			0.718
建築外觀				0.606			0.750
停車空間				0.605	5.70	0.878	0.697
庭院環境景觀				0.571			0.746
周遭環境視野風景				0.518			0.740
題數	9	8	9	5			
解釋變異量（%）	32.18	21.64	18.67	6.49			
總解釋變異量（%）	78.98						
KMO 係數值	0.961						
Bartlett 球形檢定	0.000（近似卡方分配 13677.437；自由度 465）						

表 3-6　民宿評價因子之組成構面與推薦意願之檢定表

預測變項 （重視因子）	依變數（推薦意願）			
	標準化係數 β 之估計值	標準化係數 β 分配	T 值	顯著性
（常數）	3.976		94.754	0.000
組成構面 1　客房管理	0.195	0.241	4.647	0.000
組成構面 2　遊憩服務	0.155	0.191	3.683	0.000
組成構面 3　基本設施	0.241	0.298	5.735	0.000
組成構面 4　景觀規劃	0.169	0.208	4.014	0.000
Adjusted R^2 = 0.216（R = 0.476）；F 值 = 21.040, Sig = 0.000				

面，其中又以民宿「基本設施」的優劣（如客房設備、公共安全等）是遊客再宿及推薦之前置因素。

（二）建議

第一，本研究發現宜蘭民宿仍以「環境優美」（特殊自然景觀）及「主人親切」（宜蘭人的古意）最具吸引力，建議民宿經營者未來在既有之優勢基礎上，結合資源與體驗活動，培養餐飲、藝文、園藝等專長技術，營造自身特色，並朝深度、定點旅遊方向，異業結盟，規劃套裝主題遊程；行銷策略上，可加強網路行銷，並採平日與假日價格差異策略，以延長遊客住宿天數與滯留時間，增加消費；已領取民宿登記證之合法業者，應可爭取「國民旅遊卡」之特約商店，以增進商機。

第二，從研究發現，因素分析之「基本設施」構面的優劣，是未來導致遊客再宿意願與推薦意願的前置因素，而遊客對民宿「基本設施」重視程度又以「安全、客房備品、設施」為最，建議民宿業者應加強消防、緊急照明等安全設施項目，並注重客房基本供應、清潔衛生之品質，以建立顧客忠誠度。

第三，從宜蘭地區民宿遊客的「服務」項目評價，著重「早餐

的提供或安排」、「諮詢服務」及「晚午餐的提供或安排」三項，
建議民宿經營者對自身經營技能研習方面，應著重在餐飲及解說導
覽方面，運用當地資源研究開發特色餐飲，提供導覽服務，使服務
品質更趨精緻。

第 4 章

民宿環境資源之規劃設計

　　民宿與旅館經營最大之區別，民宿必須結合資源才具特色與意義，所以民宿經營規劃，首要考量如何運用自有資源及結合周邊、社區自然與人文資源，形塑出有別於旅館之住宿與體驗風格，而規劃之初即要從生態、景觀、文化特色、投資成本與回收效益及維護管理等層面著眼，探究市場誘因、客源屬性、自身條件及供給特質，來規劃民宿提供之服務設施、合理之土地利用與機能分區，才不致盲目投資或破壞資源，成為永續優質經營之觀光休閒產業。

第 1 節　民宿規劃與景觀設計

　　民宿除提供遊客住宿休憩的空間外，亦需負責其基地周邊自然生態環境保育及社區內與本身設施的維護管理等功能，須能兼顧地區開發與資源維護，方能使民宿經營達到永續經營之目標。

　　在進行民宿規劃設計時，不能單靠個人喜好為之，應針對基地周邊現有資源、環境特性，配合其景觀、遊憩發展潛力及使用需求等，規劃設計民宿經營合理之土地使用、機能分區與相關各類設施設計，以達到符合環境適宜性與使用最適性之環境，並能使地區之發展達到永續利用之目的。

一、規劃設計思考原則

　　在經營民宿規劃時，設計思考原則應以基地生態環保為優先，發揮在地或自我文化特色，並在景觀上考量房舍、設施造型、色彩與當地融合，且衡量後續維護管理之方便性與節約性，更重要的是以自身資金與能力足以負荷之前提下，從事規劃改良。

（一）生態環保

　　以不污染原有的自然景觀、不破壞原有之清靜與自然能量之利

用爲原則：

1. 對自然及人文環境以尊重之態度進行規劃建設，使人爲的建設對自然環境之美質產生加分的效果。
2. 尊重多樣化生物之生存權，避免棲息地及遷徙路徑之破壞以保持生態環境之完整。
3. 減少地形及地貌之破壞，以最少之人爲建設達成設施建設之目的。

（二）文化特色

以趣味性的手法讓民宿與基地環境發揮在地本土文化的特色：

1. 尊重當地天然條件，妥適地導入人爲設施，避免人爲設施與環境相衝突。
2. 設施之造型、色彩、材質應能與周圍環境和諧。

（三）景觀設計

以融入在地特色與自然景緻爲原則，並以遊客使用便利性與維護容易爲考量。

1. 民宿外觀能融入地方天然景色，與當地的固有特色合爲一體，並發揮當地的特色文化以凸顯個別景點的差異性。
2. 各項設施在功能上應能提供遊客使用上方便舒適，設施要有良好品質，並且是能永續經營使用。

（四）管理維護

規劃設計考量如何花費最少的人員及最精簡的費用，達到最佳的服務品質與營運成本。

1. 設施之建設應本經濟原則，儘量節約建設之費用。

2.避免使用需經常維護或難以維護的材料及設計。

3.以簡單樸實之設計原則,避免無謂之裝飾及誇張之造型,減少建設成本。

4.避免導入都市化意象、過度人工雕琢之設施或設計手法。

二、規劃設計流程

民宿規劃設計步驟參考風景區之規劃設計概念(交通部觀光局,2001),主要可分為六個階段(詳**圖4-1**),概述如下:

(一)資料搜集與調查

1.確定規劃範圍:

(1)確立規劃性質屬性或發展方向,並界定服務對象。

(2)規劃範圍包括基地範圍以及工作範圍。基地範圍指基地面積及所在位置、地點。工作範圍則指因規劃性質差異所須做之研究範疇,通常為基地範圍所在地區再往外擴充之情形。

2.基地調查:

(1)藉由資料蒐集、基地基本圖或實地踏勘以獲取基本資料。

(2)調查內容可概略分為以下幾個項目:

A.自然環境。

B.人文環境。

C.知覺特徵。

D.旅遊市場。

E.觀光資源。

F.相關計畫。其內容詳**表4-1**。

(3)調查階段中,可先做概略性基本資料調查,並了解各調查因子之相關性,再針對民宿基地較有影響力之因子進

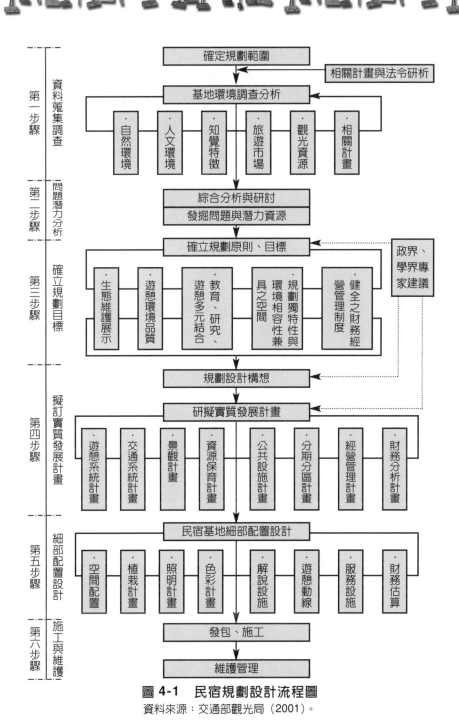

圖 4-1　民宿規劃設計流程圖

資料來源：交通部觀光局（2001）。

表 4-1　基地資料調查項目表

項目	調查內容	
	調查要項	內容說明
自然環境	地形、地質、土壤	坡度、高程、地貌、地質等
	水文	地表水、地下水、水源、洪泛區
	氣象	氣溫、雨量、颱風等
	動物、植物	分布、棲息地、稀有種
	景觀	優良景觀點、空間構成
	環境敏感區	生態、洪水、文化、景觀敏感區
	潛在災害區	地震、土石流、風害、地層下陷等
人文環境	土地使用	各項土地分區使用狀況
	人口、社經	聚落範圍、人口數、產業
	公共設施	醫院、消防、加油站等分布點
	遊憩資源	
	交通動線	公路、鐵路、機場、灣澳
	人文藝術	歷史、活動、古蹟、遺跡
知覺特徵	景觀色彩與形構	
	特有味道或聲音來源	自然環境或人為產生者
	空間類型	開放、半開放、半封閉、封閉
	空間質感及尺度	
	基地風格意象	景點、道路、開放空間組合分析
旅遊市場	旅遊市場分析	
	旅遊人口	
觀光資源	區域性旅遊景點調查	
	相關旅遊景點分析	
相關計畫	上位計畫	
	遊憩相關計畫	

資料來源：交通部觀光局（2001）。

　　行詳盡之調查，使規劃設計者能事先了解基地整體狀況及掌握基地特色，而能作出最適合當地之規劃設計。

（二）問題與潛力分析

1.問題探討：

(1)規劃先期的需求可藉由問題探討過程反映出來，並提供後續建立概略性發展目標時作爲參考。

(2)從資料蒐集調查結果歸結規劃基地開發可能產生之問題。

(3)藉由社區座談、溝通協調會的舉辦或需求問卷調查等尋求解決問題的方法，以達符合使用者需求並能與地方相結合之規劃建設。

2.潛力分析：經由資料蒐集分析以及基地現況調查階段後，針對其潛力發展的利基，規劃足以發揮潛力優勢之內容。

3.基地分析：

(1)規劃設計者或民宿業者將調查所得資料轉換成圖面資料，並考量課題發展中可能引入的相關活動，進行各活動之環境適宜性分析；藉由相關的評估準則與疊圖工作，而在圖面上可了解基地之發展潛力與限制因子。

(2)其他如知覺因子、氣象因子、自然因子等，亦應將其轉化成圖面，而成爲規劃設計者發展構想之基礎。

（三）確立規劃目標

1.規劃目標意指規劃區在一定期限內所欲達成的結果，目標體系之建立有利於規劃者或民宿業者檢視規劃成果是否達到期望，故對規劃者而言是重要的。

2.目標體系之建立不僅須配合上位及相關計畫與政策，並要考量規劃區的資源潛力與特性、目前及將來可能遭遇的問題。

3.規劃目標有所衝突時，應予以保留，待日後執行工作時，按照當初目標之利弊作取捨。

（四）擬訂實質發展計畫

1.規劃設計構想：

(1)將前述訂定之規劃目標整合實際環境因素之分析結果，規劃各個主題之活動需求設施等。

(2)藉由規劃設計者或民宿業者之創造想像力，對各分區之大小、配置進行調整、修正，動線亦配合其修正，經由不斷的調整、修正，而發展出最適之設計構想圖。

2.實質發展計畫擬訂：主要發展計畫包括下列主要項目：

(1)遊憩系統計畫：主題活動或體驗活動規劃。

(2)交通系統計畫：分為聯外交通系統及基地內交通系統。

(3)景觀計畫：包括植栽計畫、空間設計。

(4)資源保育計畫：生態保育、資源保育。

(5)公共設施計畫：解說設施、交通設施、服務設施。

(6)分期分區計畫：規劃主題分區（含配置內容），分期設計開發建設。

(7)經營管理計畫：規劃經營管理項目分工及預定員工人數。

(8)財務分析計畫：包括各分區分期之各項建築工程支出以及景觀工程支出、管理費之分析與估算。

（五）細部配置設計

1.配置設計：

(1)依規劃內容、活動主題落實設計階段，配置設施涉及須申請雜項執照、建照之項目，須以地籍圖套繪並依相關規定辦理。

(2)設計內容包括遊憩活動系統、主要遊憩設施系統配置以及景觀細部規劃。

2.提出草案。

3.最佳方案之確認。

4.設計書圖製作：

(1)依定案之設計內容進行施工圖繪製，其內容及相關標示應清楚明確。

(2)標明主要之特殊地點、景物或相關敏感地區。

（六）施工、監造與後續維護管理

1.遴選適宜之施作廠商。

2.與承包廠商溝通設計理念、民宿特色定位及區內特殊條件限制因子，避免施作過程中造成不必要之損害。

3.施作過程應以尊重自然環境資源為優先考量，以順應環境本質作適度之設計修正。

4.規劃基地各項設施應視其使用年限、使用狀況，定期予以維護管理，以維持良好品質。

5.加強維護管理人員之教育訓練及新的管理觀念宣導，以提升民宿與基地環境維護管理品質。

第2節　民宿建築及周邊設施與法規

　　民宿建築物與周邊設施為提供住宿服務之主要硬體設施，又民宿係於風景特定區、觀光地區等風景名勝或可供觀光地區，利用住宅用途之建築物之空閒房間，以家庭副業方式經營，提供旅客鄉野生活之住宿處所。其設置區位、條件、經營規模等，均與旅館之設置有所區別。違反土地使用分區規定、違章建築、任意變更建築物隔間、構造、室內裝修等行為，除增加其潛在危險性外，對於民宿整體之觀感及其區域環境反而造成了負面的影響。故民宿經營者應對供遊客使用建築物之使用興建、改增建之規定有所了解，加以妥善規劃利用，確保住宿環境品質與安全條件。

一、營建法規對民宿、休閒農場與農舍之相關規定

（一）都市計畫法相關法規

1. 保護區：

(1)原有合法建築物拆除後之新建、改建、增建，高度不得超過 3 層或 10.5 公尺。建蔽率最高以 60 ％為限。建築物最大基層面積不得超過 165 平方公尺。建築總樓地板面積不得超過 495 平方公尺。土地及建築物除供居住使用及建築物之第一層得作小型商店及飲食店外，不得違反保護區有關土地使用分區之規定。

(2)都市計畫發布實施前，原有作農業使用者，在不妨礙保護區之劃定目的下，得比照農業區之有關規定及條件，申請建築農舍及農業產銷必要設施，建蔽率不得超過 10 ％。

(3)休閒農場相關設施，建蔽率不得超過 20 ％。

2. 農業區：

(1)申請建築農舍。

(2)經縣（市）政府審查核准之農業產銷必要設施、休閒農場相關設施等等。

(3)建蔽率不得超過 10 ％。

（二）農業區建地目

供興建住宅使用之建築用地，或已建築供居住使用之合法建築物基地者，其建築物及使用，應依下列規定辦理：

1. 建築物簷高不得超過 14 公尺，並以 4 層為限，建蔽率不得大於 60 ％，容積率不得大於 180 ％。

2. 土地及建築物除作居住使用及建築物之第一層得作小型商店及飲食店外，不得違反農業區有關土地使用分區之規定。

3. 原有建築物之建蔽率已超過第 1 款規定者，得就地修建。但改建、增建或拆除後新建，不得違反第 1 款之規定。（**附錄五**）

（三）非都市土地相關法規

1. 得作為鄉村住宅（容許作為民宿）使用者：
   (1)甲種建築用地：建蔽率 60 ％，容積率 240 ％。
   (2)乙種建築用地：建蔽率 60 ％，容積率 240 ％。
   (3)丙種建築用地：建蔽率 40 ％，容積率 120 ％。

2. 休閒農業設施：須經農業主管機關核發經營許可登記證之休閒農場。
   (1)農牧用地。
   (2)林業用地。
   (3)養殖用地。

3. 農舍：
   (1)甲種建築用地、乙種建築用地、丙種建築用地、農牧用地、林業用地、養殖用地、鹽業用地。
   (2)建築面積不得超過其耕地面積 10 ％。且最大基層建築面積不得超過 330 平方公尺。總樓地板面積不得超過 495 平方公尺。建築物高度不得超過 3 層樓並不得超過 10.5 公尺。

（四）申請建築執照簡化規定

1. 免申請建築執照：
   (1)農業發展條例第 8 條：農地申請以竹林、稻草、塑膠材料、角鋼或鐵絲網搭建無固定基礎之臨時性與農業生產

有關之建築物。

(2)經農業主管機關認定係屬與農業經營不可分離之農業（含林業、畜牧及養殖等）必要設施，其面積在 45 平方公尺以下，且以一層樓爲限。

2.免由建築師設計、監造或營造業承造：

(1)建築法第 16 條：建築物及雜項工作物造價在一定金額以下或規模在一定標準以下者，得免由建築師設計或監造或營造業承造。造價金額或規模標準，由直轄市、縣（市）政府於建築管理規則中定之。

(2)台灣省建築管理規則第 17 條、台北市建築管理規則第 7 條及高雄市建築管理規則第 22 條均有規定。台灣省部分縣市政府並已依修正後建築法規定自行訂定建築管理自治條例，應依其規定辦理。

(3)建築法第 19 條：內政部、直轄市、縣（市）政府得製訂各種標準建築圖樣及說明書，以供人民選用；人民選用標準圖樣申請建築時，得免由建築師設計及簽章。目前內政部訂有住宅標準圖共十五型（農舍）可供選用。

(4)依九二一震災重建暫行條例第 58 條：災區建築物重建，其選用政府訂定之各種標準建築圖樣及說明書申請建築者，得免由建築師設計及簽章，並得予以獎勵。目前行政院農業委員會訂有農舍標準圖二十五種可供災區申請者選用。（**附錄六、附錄七**）

二、建蔽率、容積率及相關法制用語

1.建築基地：供建築物本身所占之地面及其所應留設之法定空地。建築基地原爲數宗者，於申請建築前應合併爲一宗。

2.建築基地面積：建築基地之水平投影面積。

3.建築面積：建築物外牆中心線或其代替柱中心線以內之最大

水平投影面積。

4.總樓地板面積：建築物各層包括地下層、屋頂突出物及夾層等樓地板面積之總和。

5.建蔽率：建築面積占基地面積之比率。

6.容積率：基地內建築物總樓地板面積與基地面積之比。

7.建築物層數：基地地面以上樓層數之和。

三、民宿之空間需求與功能定位

（一）民宿之空間需求（謝旻成，1999）

1.周遭環境：其內容包括農村環境、遊憩景點、交通狀況、民宿的位置、商店、公共建設、公園綠地、休閒設施、節慶活動、當地特產、優美景觀等等。

2.住宿空間：其內容包括民宿建築形式、住宿單元種類、住宿單元空間關係、住宿單元設備等等。

3.休閒空間：其內容包括休閒庭院、休閒室、游泳池等等。

4.服務空間：其內容包括停車空間、儲藏室、民宿辦公室、設備室等等。

5.交通空間：其內容包括民宿指示牌、布告欄、交誼空間、接待空間等等。

6.房東空間：其內容包括房東住宅、房東庭院、車庫等等。

（二）民宿空間之功能定位

1.空間形式：利用具當地特色之住宅增建或改建。

2.使用者：房東與旅客。

3.經營者：屋主及其家人。

4.設施與環境：可滿足居家生活需求設施與適合休閒的住宿環境。

宜蘭頭城農場民宿

花蓮君達農場民宿

花蓮兆豐農場住宿

南投國姓民宿

苗栗南庄民宿

宜蘭歐式民宿

　　民宿經營者可應用**表 4-2** 及**表 4-3** 來評估自我民宿功能規劃與設備需求。

表 4-2　民宿基本檢查評分表

戶別 _____　　　　日期 _____

項目	數量	品質	備註
多少客房			
何種形式			
何種規格			
多少容量			
景觀條件			
氛圍感覺			
客房動線			
空間配置			
停車配置			
公共設施			
休憩服務			
餐飲服務			
其他服務			

檢查者 _____

表 4-3　民宿設備檢查評分表

戶別 _____　　　　日期 _____

項目	標準	合格	改進	缺失
照明設備				
電話設備				
音響設備				
消防設備				
標誌設備				
停車設備				
客房設備				
家具設備				
浴室設備				
餐飲設備				
美化設施				
綠化設施				
休憩設施				

檢查者 _____

第3節 經營民宿規劃之事前評估

民宿是以自有屋舍多餘閒置空間加以規劃運用提供住宿、餐飲服務,但原來僅是住家需求功能,提升至顧客(遊客)服務,從出入動線、客房服務、交誼空間均與原住家功能需求不同,諸如客房之床燈、桌椅乃至衛浴設備均須考量後續之維護清理必須有所改善;如為營造更特殊之風格、氣氛,則更須投入資金成本更新,但很多經營者,盲目投資,未充分考慮產值與回收年期,往往半途而廢,負債收場,本節即針對民宿規劃之事前評估,經營之基本考量、基地條件、經營方針及客房設備等加以探討。(參考詹益政,2002)

一、經營的基本考量

(一)確定經營的目的與動機

1.當作副業經營:民宿有淡旺季及地區季節、慶典特性因素,且依法令設定為副業經營,不宜投入太多經費成本。

2.好好利用自己土地或房子:以自有且閒置之房舍再利用為首要考量。

3.運用現有的資金:以自有資金為主,如須貸款應考量回收年期及財務效益。

4.當作正業經營:民宿如以正業經營,應考量客源是否穩定及投資報酬率。

(二)經營規模型態之分析

1.大眾化價格,提供較多住客,大規模的民宿。

2.大眾化價格，小規模的，但高住宿率。

3.高價格，提供有特色、有品味、特殊風格的優質民宿。

（三）資本多寡、來源與償還能力

1.評估個人資本額，是否足以滿足初期投資設備、裝修及相關生財器具需求。

2.如何借款、借多少：民宿不像財團可以自身資產融資貸款，應量入為出，衡量自身能力適度投資。

3.償還期間：由於民宿營收多數呈現不穩定，應以經營每日或每季概估營收金額，扣除固定支出，據算償還年期。

二、民宿立地條件分析

（一）地點區位分析

1.地點是否適當、交通方便嗎、有吸引力嗎。

2.是離島、山區，還是海邊。

（二）立地分類與內容分析

1.地點未來的發展性：如交通、遊憩設施等公共建設。

2.經營型態：農園、海濱、溫泉、森林、料理、建築方式。

（三）競爭者分析

1.附近的競爭者有多少、他們的生意如何。

2.產品分析有何優缺點，價格比較。

3.競爭者之行銷策略為何、可否聯合促銷。

三、消費顧客對象分析

1.團體或散客：以公司、學生團體為主或以特定散客為主。

2.旅遊或會議：以定點旅遊或休閒度假。

3.本國人或外國人：以國內旅客或外籍旅客為服務對象。

四、經營方針之考量

（一）營業天數之計算

1.全年性：全年無休提供住宿餐飲服務。

2.季節性：僅以季節性（如海濱──夏季，雪地──冬季）或配合節慶活動（如國際童玩節、蓮花季）或以例假日（週休二日）為主要營業日。

（二）銷售方式之定位

1.強調設備、氣氛：以地方民俗特色（三合院、石板屋）或以歐風民宿氣氛。

2.強調餐飲特色：以風味餐、養生料理、溫泉料理或海鮮美食為主。

3.強調價格大眾化：物超所值，價廉物美。

4.其他特色：主人魅力（園藝、書畫、特殊收藏）、農林漁牧三生體驗、礦業遺跡或溫泉養生。

（三）宣傳廣告之利用

1.利用看板：聯外道路或社區、休閒農業區導覽指示牌。

2.參加協會：透過民宿協會、休閒農業協會組織統籌宣傳。

3.報章或雜誌：配合媒體主動提供資訊及導覽解說服務，提升知名度。

4.其他方法：結合地方產業聯盟或節慶活動及校園戶外體驗教學活動。

五、客房設備之規劃與投入

1. 利用現有房舍改善規劃（房間數、餐廳及交誼空間）。
2. 新建或改建（衛浴設施主客共用或分開使用）。
3. 體驗區或生態教室（以民宿經營者自有土地規劃設置或社區、地區共同規劃使用）。

六、員工來源、素質與相關對策

1. 因小規模副業經營以家族自行經營為主。
2. 僱鄰居或社區閒置人力（婦女二度就業）。
3. 旺季或尖峰時間僱用兼職員工或工讀生。
4. 正職員工數：符合勞基法及相關法規。
5. 兼職員工數。

七、收支計畫之分配估算

1. 每日銷售額預估：以每月或每季平均收入概算每日銷售金額。
2. 管銷占銷售的比例：人事費20％，其他的比例如何？

八、投資報酬率之計算

1. 投資報酬率（1元之投資可以創造多少利潤）＝資產周轉率×純益率。
2. 資產周轉率（1元之資產可以創造多少營業額）＝銷售收入÷總資產。
3. 純益率（1元之營業額可以創造多少利潤）＝純益÷銷售收入。

九、經營成果之分析

1.收益性：經營後產生多少利益或虧損多少。

2.安定性：資金是否健全、有無問題。

3.成長性：每年收益是否繼續增加。

十、民宿優先考量的基本要項

1.地點與環境：景觀優美、環境幽靜，適合休閒活動的地方。

2.建築設計：設計與自然環境配合的建築。

3.設備：舒適、清潔衛生、安全並具家庭氣氛。

十一、民宿經營特性分析

（一）為服務業的一種

仍須學習顧客為導向服務方式。

1.商品是無形的：住宿、餐飲、體驗活動難以具體有形成品呈現。

2.生產與消費同時進行：遊客必須抵達目的地才能享用，且主人同一時間提供生產服務。

3.商品不可儲存：客房與體驗不會因無遊客消費而累積商品數量。

4.商品異質性高：同樣的服務，會有不同的結果，難以保證每次服務都能達到滿意。

（二）供給彈性之變化

1.投資大：固定資產投資高。

2.季節性：有淡旺季之分，且受天氣影響。

3.量的限制：房間數固定。

4.地點的限制：地點、建物完成後，無法移動。

（三）家庭功能與影響

提供住宿與餐飲，具有家庭的功能，使旅客有賓至如歸的感受，必須重視服務。

（四）全天候投入的生意

須整天待命，隨時服務旅客。

第 5 章

民宿房間之規劃設計

　　民宿客房為提供服務收取報酬主要場所之一，除以原來自有住宅閒置房間規劃外，規劃時需考量自身對民宿特色之定位及遊客需求，且在符合建築、消防法規前提下，以服務人力、可提供設備及善後整理方便性來設計客房型態，營造舒適、衛生、清潔、溫馨的客房特色，同時更要有量入為出之觀念，衡量自有資金、償還期限與投資報酬率適度改善，切忌未考慮營收與成本效益而盲目投資。

第1節　民宿空間需求特性與規劃設計概念

　　民宿客房規劃應掌握民宿空間需求特性，客房型態盡量應以原來住家格局空間配置加以改善佈設，規劃時需考量主人、住客個別使用空間、公共設施（浴廁、廚房）空間及交誼開放性空間、主人服務與住客出入動線，並依經營者條件、發展定位及遊客需求設計，同時應須預留彈性以作為旅遊型態與客觀環境改變之因應。

一、民宿空間需求之特性

　　民宿經營之特色在於其所提供住宿空間較為寧靜舒適，遠離都市的塵囂，讓人有更多的機會親近自然與鄉村生活；因此民宿空間具有以下需求之特性（謝旻成，1999）：

（一）民宿提供給旅客較廉價且舒適的住處

　　民宿提供的設備雖不需豪華，但需注意安全與衛生設施；服務雖不甚精緻，但富有家庭味、鄉土味及人情味的氣氛。

（二）體驗傳統農村住宅空間之住宿生活

　　提供屬於農村環境之住宿空間及設施，讓旅客能實際參與農村生活，體驗農業社會文化及地方風俗，展現地方傳統農村住宅之空

間特色與風貌，藉此認識傳統農宅之立面雕飾、彩繪設計及特殊材料等等。

（三）讓旅客能充分享受休閒之樂趣及當地的資源

利用天然的資源，配以當地文化的特色，除住宿與餐飲之外，更可提供運動、休閒、娛樂等功能。

（四）以一般農家住宅為主的經營空間規模

民宿為利用現有農宅加以增改建而成，其小規模開發方式及維護自然景觀、配合地方風俗民情及建設、保存傳統建築與農業歷史等均能為農村朝向休閒化發展，建立良好的開發模式。

二、民宿客房規劃設計概念

（一）民宿經營者條件、發展定位與遊客需求之設計概念

1. 民宿經營者應針對本身之條件、潛力及限制，規劃適宜之發展方向與目標。
2. 依據規劃之目標，衡量自身財務狀況與市場需求，有計畫性地實施改善或施設。
3. 應定期檢視經營狀況，作適度調整，保留彈性以因應旅遊模式及環境之改變，以達民宿永續經營之目標。

（二）民宿客房設計材質選用、造型、色彩建構概念

1. 各種房間型態設施可依其特性略有不同，但對整體風格之材料、質感、色彩等應加以整合性呈現，以塑造民宿之特色。
2. 民宿客房及設施材質形式選用時針對所在位置環境、氣候加以考量，依所在地區之資源特性、地區特性選用適宜之材質及形式。

3. 民宿客房及設施設計時於材質選用、造型風格、色彩、建構方式等，可反映當地之文化特性一併納入考量，如原住民特色、客家、閩南、漁村聚落特色等。

4. 民宿客房及設施材質選用同時應考量民宿所在區位之限制，範圍大小、所在位置環境、氣候，皆為影響材質使用之舒適性、耐用性及維護難易與否之重要因素。

5. 民宿客房於規劃設計之時即應預為考量維護問題，避免使用於該環境易損壞或難以維護之材質，降低民宿之服務品質。

6. 民宿客房各設施適宜之高度、寬度、間距皆有一定之適宜尺寸範圍，除考量一般大人使用外，亦應考量兒童的使用安全性。

三、傳統住宅內部空間改善設計之概念

傳統住宅（三合院、閩式建築、石板屋等）仍應維持其原有格局及風貌，僅作環境之整理，使外來遊客能充分體會古宅之生活空間使用方式。

1. 內部隔間牆保持原樣，僅加以粉刷或油漆修護。

2. 衛浴設施原則上依屋內原有設施改善，務使乾淨舒適。

3. 室內桌椅、櫥櫃等家具擺設之色澤、材料、形式，應以傳統住宅內部擺設為設計參考之依據，可輔以現代舒適協調之備品搭配。

四、民宿住宿管理的基本目標

民宿房間之設計，需先考量住宿管理的目標，一般而言，民宿住宿管理最基本目的標有三：

1. 人身及財物之安全保障：給旅客安全的住宿環境，就是最好的住宿設施。符合相關法令規定，定期接受消防、建物安

全檢查。

2.環境與設施之清潔衛生：住宿的各項設施保持清潔，注重環境衛生，就是服務品質的保證。

3.主人與客人之互相信賴：親切而有禮貌的服務態度，是贏得旅客信賴的基本條件，也是旅客再次蒞臨的關鍵。

這三項基本目標，不但是民宿硬體設施與軟體服務、規劃設計的根本依據，也是未來經營管理的基本準則。

民宿登記證

休閒農場登記證

現代家庭式民宿

傳統家庭式民宿

第2節　民宿客房型態與面積

　　民宿客房除依原住家房間格局規劃改善外，並考量服務住客屬性、偏好與需求，加以設計為單人、雙人、套房或通鋪，以符合體驗、在地、休閒、舒適之功能訴求。

一、典型的基本分類

1. 單人房不附浴室：通常以住家之小孩房規劃佈置而成，以含早餐收費方式，約在新台幣 600 元至 1,000 元之間。
2. 雙人房不附浴室：通常以住家之客房、子女房間規劃佈置而成，以含早餐收費方式，兩人約在新台幣 1,000 元至 1,600 元之間，四人約在 1,600 元至 2,400 元之間。
3. 單人房附浴室（淋浴）：通常以住家之小孩房改良佈置而成，以含早餐收費方式，約在新台幣 800 元至 1,200 元之間。
4. 雙人房附浴室（淋浴）：通常以住家之客房、子女房間改良佈置而成，以含早餐收費方式，兩人約在新台幣 1,200 元至 2,000 元之間，四人約在新台幣 2,000 元至 3,200 元之間。
5. 單人房附浴室（浴缸）：通常以住家之小孩套房改良佈置而成，以含早餐收費方式約在新台幣 800 元至 1,500 元之間。
6. 雙人房附浴室（浴缸）：通常以住家之客房、主臥房改良佈置而成，以含早餐收費方式，兩人約在新台幣 1,200 元至 2,400 元之間，四人約在新台幣 2,400 元至 3,600 元之間。
7. 套房（有起居室）：通常以住家之主臥室或特殊觀景空間規劃佈置而成，除住宿套房並含有起居交誼空間，以含早餐

收費方式，約在新台幣 2,000 元至 3,600 元之間。

8.一般式家庭隔間：通常以三合院之獨立廂房，以成型之獨棟住宅或小木屋形式改良佈置而成，有依整個單位或按人頭收費方式。

9.通鋪（以人頭計價）：適合團體、學生、研習，為民宿最常使用之房間佈置形式，可依不同需求條件隨時調整，經濟又實惠。

二、床鋪規格

1.單人床：一般參考尺寸為 91-110cm × 195-200cm。

2.雙人床：一般參考尺寸為 137-140cm × 195-200cm。

3.半雙人床：一般參考尺寸為 122-150cm × 195-200cm，即雙人床的 3/4 大，可以當單人床或雙人床使用。

4.大號雙人床：一般參考尺寸為 150-160cm × 195-200cm，可以兩張單人床合併使用。

5.特大號雙人床：一般參考尺寸為 180-200cm × 195-200cm，俗稱 king size 或 queen size。

6.折疊床（加床）：又稱移動床，即臨時搭起來的床，通常以床座及床墊可由中央折疊起來。

7.嬰兒床：即周圍用柵欄圍起來的嬰兒用床。

8.沙發床：約 120-140cm，單人床或雙人床使用，這種床能適合小間房間之搭配使用。

三、客房基本設計

客房基本設計種類與面積一般分為：

（一）單人房

有一張小床或一張大床兩種，通常是經費較少的長期住客會要

求住單人床位,面積約 7 坪到 10 坪。

(二)雙人房

有一張大床或兩張小床的規劃,面積約 10 坪到 12 坪。夫妻可安排一張大床,但日本客人安排前先詢問清楚,因日籍夫婦一般希望住分開的兩張床,而且在觀光旅館裡,兩張小床的定價大部分比一張大床高。

(三)三人房

有三張小床或稱為家庭房的一張大床加一張小床兩種組合,前者(三小床)是提供學生或團體中的三位,不是親屬的男性或女性住宿使用。後者(一大一小床)是提供給夫妻帶小孩住宿時較方便使用。面積約 10 坪到 13 坪。

(四)四人房

有四張單人床或兩張大床的區分,四張小床也是為團體或學生而準備,兩張大床則為家族房,此種房型是休閒地區的民宿最佳銷售房型,因為國內休閒旅遊活動大部分還是以家族旅遊較常見,不像歐洲則以個人自助旅遊較時興。面積約 12 坪到 15 坪不等。

(五)通鋪

此種房型在休閒地區最常見,例如知本老爺酒店的榻榻米屋,約可住 5-10 人,天祥晶華酒店的太空艙屋,都是因應團體而建築的。

(六)套房

隔有一起居室的房間,通常為重要客人或需要較大空間的長期住客設計的,設備會較細心、豪華,面積約 15 坪以上。

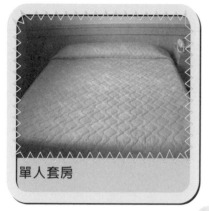

單人套房

雙人套房

四人套房

四人和式房

雙人和式房

通鋪房

（七）相連房

　　兩個房間內有內門相通，可供來一起住宿的不同家族使用，不過需設計爲也可上鎖，賣給不同的客人。

（八）一般式家庭隔間

　　已成型的房子轉做出租客房使用，通常是一整棟，如宜蘭蓬春園民宿。

四、客房空間機能的組合與基本要求

（一）客房設計的次序是浴廁、臥室、床鋪等關係位置

　　1.臥房：睡覺、休憩。床鋪尺寸的選擇，要預留做床時兩側必要的空間。

　　2.客廳：看電視、覽景觀、交誼、會客及事務處理、用餐。住宿套房的房間才有客廳。

　　3.化妝室：洗臉、刷牙、剃鬍、化妝、更衣。

　　4.浴廁間：沖洗、淋浴、入廁、簡單的洗滌。一般浴廁間設計靠走廊，但在有溫泉的地區，爲使客人一邊泡溫泉，一邊欣賞風景，最近的設計都在窗邊，例如清境地區民宿，及烏來的民宿。

　　結合以上機能來發揮所有的設備配置，提供住宿賓客簡捷、快適的平面動線，考量建造費用及客房出租房價的回收，亦要有效的約制及利用空間。

（二）客房必須具備的基本要求

　　1.衛浴設備：浴缸或蓮蓬頭、沖水馬桶、洗臉盆、鏡子、吹風

　　機等，並有冷熱水供應。

2.照明系統：玄關入口、衣櫥內、床頭、化妝檯、沙發椅旁等
　處。

3.電話系統：每房一線，接總機，或一屋主客共用。

4.電視音響：每房備置彩色電視一台。

5.空調系統：爲安裝方便，應爲窗型或分離式，以防噪音，或
　應有獨立對外開啓之窗戶。

6.小冰箱：視房間面積而定，若客人投宿多日，可設置。

7.安全系統：此爲重要設備，包括滅火器、警告系統及緊急照
　明燈。

第3節　房間的基本設備與備品

　　客房配備設計的重點是要讓客人感到舒適而且方便。爲求基本
上的生活需求用品沒有匱乏，所以每一配備都必須發揮它的效用，
才不會有過剩或浪費現象，造成住客或旅館的損失。因民宿客房規
格與價位不同，配備用品的種類多寡、質與量會因此而有差別，民
宿一般價位合理，配備則較簡單，只求衛生與方便，但基本的設備
還是不可缺，例如布巾備品、客房耗品、客房電氣設備、客房家具
類物品、浴室用具及備品、安全消防設備，以及木作、家具及其他
備品等等。**表 5-1** 至**表 5-6** 是以客房設備標準項目來列示，惟規格
上各民宿設施狀況不一，各表所示規格僅爲參考，並無固定參考模
式。

一、布巾備品

　　布巾備品主要包括：床包、枕頭、棉被、浴巾、面巾、窗簾，
以及其他相關物品等等（見**表 5-1**）。布巾備品需注重衛生，使用

表 5-1　布巾類備品設置項目一覽表

No	品名	單位	數量	規格	位置	備註
1	床潔墊	張	1	（大）	床上	四角有鬆緊帶
2	床包	張	1	（大）	床上	四周有鬆緊帶
3	枕頭	個	2	高 75	床上	
4	枕頭套	個	2	750 × 440	床上	
5	棉被	條	2	單人	床上	
6	被套	條	2	單人	床上	
7	浴巾	條	2	1,330 × 730	浴室	
8	面巾	條	2	730 × 350	浴室	
9	腳布	條	1	750 × 500	浴室	
10	窗簾	張	1	因窗戶大小	窗檯	
11	垃圾桶	個	2		浴室	梳妝檯旁各一
12	水杯	個	4		茶几	浴室各二
13	托盤	個	2		茶几	浴室各一
14	煙灰缸	個	1		茶几	

註一：本表為一張大床之雙人房的標準配備。

註二：數量或規格僅供參考，各家業者因不同因素而不一。

註三：除床潔墊、枕頭、棉被外，其餘備品請多準備一套，因一般床潔墊等上三
　　　項，並不會因客人住過而天天更換。

註四：雙人房不準備雙人棉被，是為因應有團體住客時，不是親人同住，不願蓋同
　　　一床被而頻向業主要求再加一床被子的困擾，索性準備兩床單人被子。

過後應清（換）洗，並定期消毒，避免傳染病毒。

二、客房消耗品

　　客房消耗品，有些因為環保意識興起，特別是以生態旅遊為訴
求之民宿村，經常是需請遊客自備，屋主只是備而不用，除非遊客
提出要求，業者不會主動提供，但有些則是基本必備的，諸如面
紙、茶包、香皂、垃圾袋、拖鞋等等（見**表 5-2**）。

三、客房電氣設備

　　電氣設備的使用，涉及公共安全，因此在準備上，需考量電壓

表 5-2　客房消耗品一覽表

No	品名	單位	數量	位置	備註
1	面紙	盒	2	梳妝櫃	浴室各一
2	火柴	盒	1	煙灰缸	
3	茶包	包	2	熱水瓶旁	托盤上
4	咖啡包	包	2	熱水瓶旁	托盤上
5	拖鞋	雙	2	衣櫃	
6	香皂	塊	1	浴室	洗手用
7	垃圾袋	個	1	垃圾桶	
8	便條紙	張	3	梳妝櫃	
9	鉛筆	枝	1	梳妝櫃	
10	顧客意見書	張	1	梳妝櫃	
11	針線包	包	1	梳妝櫃抽屜裡	備用

之負荷，以民宿而言，一般必備者包括下列：床頭檯燈、小夜燈、浴室燈、插座、吹風機、衣櫥燈等等，至於諸如熱水瓶、冰箱、電話機、鬧鐘、音響等電器，可置於公共空間，供遊客共用，或視需要而準備（見**表5-3**）。

四、客房家具類物品

家具類物品必備者諸如：衣櫃、衣架、化妝檯、化妝凳、扶手椅、小茶几、床組、門及房號牌、逃生圖、安全釦等等（見**表5-4**）。

五、浴室用具及備品

浴室必備用具及備品，包括浴室鏡、洗臉盆、馬桶、字紙簍、浴缸或淋浴室、浴巾架、掛衣鉤、抽風機、衛生紙卷、防滑墊、漱口杯等等，至於有些使用一次即丟棄的備品，或是清潔用品有的也是備而不用，諸如洗髮精、牙刷、刮鬍刀、梳子、浴帽等等（見**表5-5**）。至於一些用具，則視房間之高低檔而備之，諸如杯墊紙、消

表 5-3　客房電器類設備一覽表

No	品名	單位	數量	規格	位置	備註
1	化妝燈	盞	1	40W	化妝鏡上方	日光燈
2	床頭櫃燈	盞	2	燈泡 25W	床頭櫃邊	
3	浴室燈	盞	1	燈泡 40W	浴室天花板	嵌燈式
4	小夜燈	盞	1	燈泡 15W	插座上	
5	插座	個	3		客房、浴室	
6	熱水瓶	個	1		茶几	
7	吹風機	台	1		浴室鏡側壁	
8	小冰箱	部	1	D373 × W423 × H465	屋內	
9	電話機	部	1		床頭櫃	
10	音響	部	1			
11	衣櫥燈	盞	1	燈泡 15W	衣櫥內	
12	門鈴	個	1		按鈕於門旁	
13	鬧鐘	座	1			

註一：8-13 項可有可無，規格因規模大小而異。

表 5-4　客房家具類物品一覽表

No	品名	單位	數量	位置	備註
1	衣櫃	個	1		
2	衣架	個	6	衣櫃內	
3	立式衣架	個	1	扶手椅側	外衣用
4	化妝櫃	張	1	組合家具	兼書寫
5	化妝凳	張	1	組合家具	
6	扶手椅	張	2	窗前	沙發椅
7	小茶几	張	1	兩扶手椅間	
8	床架	張	2	房內一側	
9	床墊	張	2	床架上	
10	床頭板	張	1	床頭壁上	
11	掛畫	幅	2	壁上	
12	門	扇	2	房門 / 浴室	有門擋
13	房號牌	個	1	房門外	中上側
14	逃生圖	幅	1	房門內	中上側
15	安全釦	副	1	房門鎖後旁	
16	化妝鏡	片	1	化妝櫃前	壁上

表 5-5 浴室用具及備品一覽表

No	品名	單位	數量	位置	備註
1	浴室鏡	張	1	浴室內壁上	
2	洗臉盆	個	1		
3	馬桶	座	1	浴室內	
4	浴缸	座	1	浴室內	
5	浴簾	張	1	浴缸外側	
6	浴巾架	個	1	浴缸頭上側壁面	
7	面巾架	個	1	洗臉檯左側壁上	或面巾桿
8	晾衣繩	副	1	浴缸左上方	
9	抽風機	台	1	浴室天花板	
10	面紙盒	個	1	洗臉檯側面	
11	衛生紙卷	卷	1	架固定於馬桶旁	離地高度 70cm
12	掛衣鉤	個	1	浴室內側	上方
13	防滑墊	支	1	浴缸旁	
14	淋浴間	間	1	浴室一處	
15	沐浴精	瓶	2	洗臉檯	小藤籃
16	洗髮精	瓶	2	洗臉檯	小藤籃
17	牙刷	支	2	洗臉檯	小藤籃
18	香皂	塊	2	洗臉檯	小藤籃
19	小藤籃	個	1	洗臉檯上	
20	小花瓶	個	1	洗臉檯上	
21	漱口杯	個	2	洗臉檯上	玻璃杯
22	梳子	支	1	洗臉檯	小藤籃
23	刮鬍刀	支	1	洗臉檯	小藤籃
24	浴帽	個	1	洗臉檯	小藤籃
25	煙灰缸	個	1	洗臉檯上	
26	棉花棒	盒	1	洗臉檯上	12 球
27	消毒封條	張	1	馬桶上	
28	字紙簍	個	1	馬桶旁	
29	潤滑乳	瓶	2	洗臉檯	小藤籃
30	杯墊紙	個	2	漱口杯下	
31	香皂盒	個	1	洗臉檯上	

套房盥洗室

客房備品

民宿櫃檯

一般盥洗室

套房室內擺飾

主客交誼廳

毒封條、花瓶、籐籃、潤滑乳、香皂盒等等。

六、符合消防檢查之防火設備

防火設備不但是必備，而且需按時檢查與使用演練，購置時還需注意品質與時效，並看清說明書。

1. 手提滅火器：因具機動性，移動方便又有效，每 100 平方公尺範圍內設置 1 具，須有固定放置位置，不得隨便移動，並黏貼標籤，每三年須更換一次。

2. 自動警報器：
   (1) 火警探測器（又稱熱感知器）需有定溫裝置，因廚房溫度須調高。
   (2) 偵煙式感知器（又稱煙感知器）。

3. 自動灑水系統：滅火系統。

4. 自動排煙系統：廚房必備。

5. 緊急廣播設備：各角落都可聽取。

七、木作、家具及其他設備內容

木作、家具及其他設備主要包括下列五大類：（**表 5-6**）

1. 木作類設備：例如入口門扇、浴室天花板、踢腳板、衣櫃、門號碼、安全釦、避難指示圖等等。

2. 家具類設備：例如行李架、沙發、化妝檯、茶几、床頭櫃等等。

3. 電器類設備：例如總開關、浴室燈、夜燈、檯燈、插座、電話、冰箱等等。

4. 盥洗類設備：例如水管、馬桶、洗臉盆、龍頭、浴缸、淋浴間、蓮蓬頭等等。

5. 其他類設備：例如空調、感知器、灑水頭等等。

表 5-6 木作及家具設備一覽表

木作類設備	家具類設備	電器類設備	盥洗類設備	空調類設備
入口門扇	行李架	門鈴	馬桶	出風口
衣櫃	化妝櫃	總開關	洗臉盆	溫度開關器
避難指示圖	化妝鏡	浴室燈	龍頭	感知器
門號碼	茶几	電茶壺	水塞	灑水頭
門鉸鍊	沙發	檯燈	浴缸	除濕機
安全釦	床頭櫃	夜燈	蓮蓬頭	
門鎖		電話	淋浴間	
浴室天花板		時鐘	浴室掛衣鉤	
踢腳板		插座	水管	
窗簾盒		冰箱		

第 4 節　房間容量與設計

一、人數容納量設計

由於法規限制，一般民宿只能有 5 間房間，除非是法令允許的地區，例如休閒農業區，則可設立 15 間，當然經營民宿一般以能容納 30 位以上的客人為較具經濟規模價值，因為此人數容量可接受一輛遊覽車的團體遊客，行銷上可與旅行社結盟。

二、房間類型設計

國內休憩旅遊型態仍以家庭旅遊居多，以兩張大床的四人房較具吸引力，價位也比較好制定，此外通鋪型房間由於遊客容納量較有彈性，也廣受遊客接受。

三、客房動線設計

　　如何在兼顧主人與遊客的生活隱私與主客互動，以及民宿經營管理（特別是安全管理）之間取得協調，是民宿主人的一大課題。此課題除了涉及空間利用外，客房良好的動線設計最為重要，若是樓房設計，主人儘量不要與客人住同一樓層，但又要可以很容易的知道旅客有進出的行動，所以最好主人住一樓，動線上可控制。

第 6 章
民宿之客務服務

　　民宿的經營管理首重在客房管理的部分，客房管理又區分為客務與房務，房務工作項目以「物品」的清潔管理為主，比較可以訂出基本標準作業流程，工作人員工作上就有規定可以遵循；客務則以服務「人」為工作內容，雖也能訂出標準作業，但有時會因服務的對象不同，而對工作人員的服務好壞而有不同的評價，例如旅館業對接待服務的標準會寫：「接待客人時不可與客人稱兄道弟，會被人認為沒禮貌。」但在民宿的經營裡，卻要針對客人的喜好，為其量身訂作服務項目，如果客人希望接待者將他當成家人般對待，我們就不得不與其稱兄道弟了。所以本章僅就客務的接待項目與內容說明，至於要如何圓滿達成任務，則需自己拿捏分寸了。

第1節　民宿客務作業內容

　　民宿與一般旅館相似，其主要客務作業內容包括：訂房作業、櫃檯接待作業與遊客服務中心等三大部分，只是民宿的客務服務作業較為單純簡易，不似旅館複雜，但不表示民宿的客務服務不重要，相對的，在民宿之經營服務上，一些細微之作業，可能影響遊客將來是否會再來重遊，因為旅館提供的是硬體與服務，而民宿除了硬體與服務，也提供主人魅力與住宿風格。

一、訂房作業

（一）訂房來源

　　1.旅行社。
　　2.旅客直接訂房。
　　3.公司／機關團體訂房。
　　4.網路訂房。

5.其他。

（二）訂房程序

當接到訂房時應製作訂房紀錄表，訂房卡的基本內容如下：

1.旅客／團體姓名。

2.住宿日期。

3.離開日期。

4.房間型態、數量、價格。

5.旅客地址、電話。

6.付款方式。

7.承辦人。

8.其他注意事項（例如接送與否，接車或接機時間及訂金已付否等）。

9.如果是重要客人（VIP）還須記錄安排民宿主人接待時間與房間特別佈置（例如送花、送水果等）。

（三）確認訂房

田 取消／延期訂房

取出訂房卡，註明取消或延期訂房，旅客取消／延期訂房，最好有書面文件簽單，以免發生糾紛，可以傳真方式給旅客確認。

田 收取訂金

為確保旅客來店住宿，應於訂房一週前預付訂金，訂金的訂定，假日需全額付清，平日收取三成，以確保營收。

田 預收訂金與取消訂房之處理

1.有些顧客不願付訂金，可告知是為了保障其權益，萬一遇到遊客爆滿的旺季，若是住宿業者不替其保留房間，則須負賠償責任，所以通常有付訂金的訂房都會為其保留房間，在觀

光休閒地區離市區很遠，如果客滿了，同一地區也很難再找到房間可住，所以付訂金其實是保障雙方權益。

2.旅客若付了訂金後有事無法來住宿，如果在住宿前三天來通知，訂金則允許其延用兩個月，若在七天前則最長可延用半年，當天取消者訂金全額沒收，如果是一兩天前來要求取消者，請其在一個月內改要來住宿的日期，不然就斟酌情形，看此位客人有無潛力推介其他客人，也看是否為老客戶，可酌量退部分訂金。

二、櫃檯接待人員基本作業

（一）旅客遷入手續

1.旅客接待：站立表示歡迎或其他個別特殊迎接方式。

2.迎賓：

(1)儀容須衣著保持整齊及清潔，頭髮須常梳理，男士鬍鬚需刮乾淨。

(2)禮節上須面帶微笑與親切的態度。

（二）遷入作業

田 詢問是否訂房

若已訂房，再區分是散客（F.I.T.）或團體客人（group）。

田 登記旅客資料

一定請客人給予身分證核對客人填在民宿旅客登記卡上的資料，最主要的核對項目是姓名、出生年月日、身分證號碼及戶籍地址，相片也最好確認一下是否為本人，以免發生事故時，在面對警局方面會有麻煩。不過若是老客人，則只要請其在登記卡上簽名就行了，因為他以往住宿的歷史資料都有存檔，在老客人來之前就替其填好，客人會覺得服務優良。

⊞ **明訂付款方式**

民宿常使用的付款方式包括：現金、信用卡、即期支票或簽帳。未訂房或有訂房未帶行李的客人，請其先付現或刷空白信用卡，遷出時再多退少補，及重簽信用卡。因為顧客不一定只有住宿的花費，還有餐飲、旅遊活動、交通費用等，通常在 check in 時請其先付房租再加一兩千元的整數，壓在櫃檯出納員處。另外有與民宿簽約的公司若是非常大型的公司，在合約上有註明可簽公司帳時，就必須做應收帳款處理，客人離開時請其簽認，但收款日期應儘量縮短，因景氣不好，合約公司不幸倒閉，才不會影響權益太大。至於旅行社的團體客人因所須付的款項較大，有時會要求領隊導遊帶支票付款，為做生意起見，有時不得不同意收即期支票，在徵信此家旅行社信用無虞時，可同意其要求，不過還是儘量要求其刷信用卡較安全。

至於有些小型民宿，沒有提供刷信用卡，主要客源以散客為主，仍可能會有收款上的風險，但基本上，喜歡住民宿的遊客，賴帳的比率不高，只要將收帳的方式與數目說明清楚，或是以提供含食宿、產品、活動的「套裝」行程，並要求預付訂金，問題並不大。

（三）提供諮詢服務

協助旅客了解附近旅遊地點及交通路線等住宿旅遊訊息，接待人員在下班閒暇時應到附近旅遊據點實際參觀，以便了解該據點的特色在哪裡、距離住宿的民宿腳程是多久、坐車或開車須花多少時間，才能詳細回答旅客。對內部的設備及開放時間也要牢記，在客人辦理登記入住時詳細告知客人，以利顧客了解本館服務項目，而樂於住宿。最好將服務項目明文化，避免口頭上的誤聽與誤解。

（四）銷售房間

房間銷售可以從最貴且合乎顧客需求之房型開始銷售，但須有熟練的技巧，若尚無經驗者則以符合顧客需求為依歸。

田 核對當日客房銷售情況

有些客人會要求續住，此時若未客滿，可馬上為其安排住同一間房或換房，若當天另有人訂同一型的房間，就必須請其換房間。

田 製作房間分配表

客人未來時（通常下午三點為 check in time）必須先把訂房的客人依人數將房間鑰匙分配好，免得一旦遇到大型團體進來時，會手忙腳亂，影響服務品質。

田 接聽電話

櫃檯是詢問處，凡與住宿有關之問題，全會向櫃檯詢問，所以櫃檯人員接聽電話須迅速與清晰，且不讓鈴聲超過三聲。

（五）旅客遷出手續

1. 結帳：帳單通常在前一晚即已準備妥當，免得當天一群人一起辦結帳時手忙腳亂，引發客人的不快。
2. 旅客還回鑰匙：若是團體請領隊代收，鑰匙遺失請客人賠償，並請速將其房間鎖頭更換，以維護住宿安全。
3. 核對實際消費：將客人消費明細與金額給予顧客對帳並請其付款。
4. 送客：在門口招呼告別，歡迎再度光臨。
5. 佣金問題：
   (1)旅行社團體訂房，通常給予一定成數的佣金。
   (2)佣金給或不給的需先講明，若對方要求時，則需事先思考給不給，不要等團客帶進來後，引發糾紛。

（六）抱怨處理

處理旅客抱怨的程序如下：

1.傾聽：有些客人只是想訴說他的不滿，給予發洩的機會。

2.道歉：姿態要擺低，不管誰是誰非，不與顧客爭吵為原則。

3.找出問題的關鍵：是我們的過錯就承認失誤，絕不推卸責任以示負責。

4.解決：依顧客希望的解決方式處理，若顧客要求過分，則另外請人處理，並拖延處理時間，以時間沖淡顧客的忿怒，若實在無法收拾，則建議報警處理，以留紀錄。

5.向旅客說明並記錄：處理結果須向顧客解釋，並做成紀錄做為以後再發生之處理範本，亦可做為警惕，減少抱怨再度發生。

三、服務中心工作項目

1.提行李、引導進房。

2.交付客房鑰匙。

3.告知房間位置。

4.住宿環境簡單介紹。

5.代購車票。

6.代租交通工具：客人要在當地旅遊，想以車（或其他交通工具）代步時，需給予協助服務。

7.其他服務：安排諸如導覽解說、特產購物，或其他相關遊憩服務。

第2節　接待工作項目

　　民宿接待之工作，主要分為電話接待與櫃檯接待兩種，民宿因為規模小，所以櫃檯接待經常同時兼任遊客服務中心接待，以下就不同接待方式說明其工作內容：

一、電話接待工作

　　1.注意接電話禮儀，以不超過三聲為原則。

　　2.耐心聽取詢問並詳細解釋。

　　3.明列店內銷售之產品與設備（是否可郵寄、代購等）。

　　4.詳背交通狀況（班車時刻表、行車路況、地理位置、地圖準備妥當）。

　　5.天氣變化（隨時注意氣象報告）。

　　6.附近景點距離民宿之遠近。

　　7.客滿狀況下之應變。

　　8.租車服務：可以自家用車出租，或與附近租車公司簽約服務住客，通常分有司機和無司機租車。

　　9.房租、房型明細之說明。

　　10.總機號碼與轉分機之服務。

　　11.討價還價之技術。

　　12.接送服務之收費與方式。

　　13.寵物之安排。

　　14.VIP 之接待作業程序。

二、櫃檯（服務中心）接待工作

　　前櫃接待是休閒產業的第一線，也是客人離開的最後一個印象

所在，關係者產業經營成敗甚鉅，不得不予以重視。

（一）前檯之接待服務業務

1.接送顧客（團體與個人）。

2.如何應付顧客之特別要求。

3.提供各項店內活動資料。

4.館內音樂及廣播。

5.觀光導遊服務。

6.房內其他附帶服務。

7.停車問題。

8.行李保管及拾得物之處理。

9.訪客之接待。

10.住客傷病處理。

11.與各單位之聯繫。

12.推廣店內各種設備。

（二）前檯之主要工作任務

1 出租房間。

2.提供有關館內之一切最新資料與消息。

3.處理旅客之購買、住宿、餐飲帳務。

4.保管及處理信件、鑰匙、電話、電報、留言及提供其他服務，為旅客之聯絡中心。

5.接受顧客抱怨。

6.各單位之協調。

7.排房之原則。

8.搬運行李（bell boy）。

9.引導至房間。

10.逃帳處理。

11.超賣房間之處理。

12.租車服務。

13.景點介紹與代訂遊樂場門票。

14.代訂餐飲與農產品。

15.代訂車票與購票。

16.超時退房及計價方式。

（三）訂房工作程序

1.訂房卡之填寫。

2.團體訂房。

3.個別訂房。

4.訂金處理。

5.顧客歷史資料處理。

6.佣金處理。

（四）訂房資料卡應注意的要件

1.旅客姓名。

2.旅客來店日期。

3.旅客離店日期。

4.房間種類、數量及價錢。

5.旅客出發地。

6.到達時間。

7.交通工具。

8.旅客人數。

9.訂房人或訂房機構。

10.付款方式（包括佣金及折扣）。

11.接受訂房者。

12.訂房日期。

13.編號。

14.編列訂房控制表。

15.取消訂房程序。

（五）服務須知

1.服務客人不宜表示過分親熱，尤其對異性客人更需小心應對，以避免引起誤會，甚至令客人不悅。

2.客人永遠是客人，不可勾肩搭背。

3.面對客人時，絕不可吸煙、吃東西、喝飲料或閱讀書報。

4.與客人說話時應站著，即使客人要你坐下來也不該坐。

5.進入客房內服務時，房門維持開著狀態。

6.嚴禁強索小費或任何類似意圖。

7.嚴禁媒介色情。

8.嚴禁使用客房設備。

9.如遇客人不合理要求服務時，應以婉轉口吻予以解釋，不可得罪客人。

10.服務過程中得知客人私事，不得大肆渲染，應確保客人隱私。

11.除非客人有交代，否則絕對禁止讓任何人進入房間，以策安全，以防財物被盜取。

12.確實掌握房客習性嗜好，以提供高品質服務。

（六）接待從業員實務演練

1.訂房卡製作。

2.顧客登記卡製作。

3.訂席卡製作。

4.帳卡處理。

5.訂金單製作。

6.顧客歷史資料檔案處理。

第3節　接待人員禮儀訓練與旅客抱怨處理

　　禮儀是接待人員與遊客第一次接觸所應表現出來的服務品質，也是接待人員應接受受訓的基礎項目之一。民宿之接待禮儀，雖會因當地特有的風土民情與歷史文化之不同，例如原住民文化區之民宿、特殊宗教區之民宿，而形成禮儀構成因素有所不同。除此之外，民宿與一般旅館住宿業之基本禮儀與處理旅客抱怨的方式與技巧是相同的。

一、禮儀的構成

　　1.風俗習慣：如結婚禮俗。

　　2.生活方式：坐捷運扶梯靠右站。

　　3.典章制度：交通規則。

　　4.宗教信仰：密宗膜拜上師時需五體投地。

　　5.統治者的主張：會議室懸掛總統照片。

二、休閒產業服務人員禮儀訓練

　　1.準時：休閒產業大部分是全天候服務，工作人員是以輪班方式上班，若接班不準時，將影響民宿正常運作。

　　2.服裝（制服）保持整齊、乾淨。

　　3.保持工作環境整齊、乾淨。

　　4.保持良好工作態度。

　　5.保持微笑。

　　6.隨時注意自己講話的音量，工作時不要互相閒聊，講電話時間不可太久，內容儘量簡短。

7.不可暗示客人施予小費。

8.不可靠牆，隨時注意自己的站姿。

9.離開工作崗位須告知民宿主人。

10.不可在工作場所飲食，隨時注意招呼前來詢問之客人。

11.與同事保持良好關係，隨時注意團隊精神。

12.不可讓電話鈴響超過三次——服務品質的保證。

13.不可與客人爭吵，遇到不能處理的狀況，報請民宿主人處理。

14.不接私人電話，除非緊急事件。

15.不可和客人稱兄道弟，隨時注意禮貌地稱呼客人。

16.同事間以禮相待。

17.不散布民宿內部秘密。

18.勇於認錯不隱瞞過失。

19.傳達客人訊息要以最快速度進行。

三、休閒產業接待人員基本禮儀訓練

1.接待人員須能馬上叫出客人之大名。

2.對自己工作區域之地理環境及臨近之風景區要非常了解。

3.對民宿內之各項設施及服務項目須非常了解，如果有休閒設備，亦應知道位置所在及其特色。

4.對休閒設施之好壞、設備、備品是否齊全亦應非常了解。

5.如為重遊客人（老客戶），都須能叫出客人大名。

6.耐心地為客人介紹場內各項設施、服務及餐廳。

7.告訴客人你自己的名字，有任何困難請隨時通知接待人員。

8.引導客人至房門口要先敲門，將房間內的燈打開，做一手勢請客人先進入房間。

9.介紹各項房內設施及使用方法後，詢問客人是否有任何問題。

10. 對重要客人如果沒有特別指定房間，則視狀況儘量給予最好的房間。

11. 預先分配之房間，儘量不予換房。

四、接待從業員之旅客抱怨處理

（一）旅客抱怨處理基本觀念

1. 抱怨是必然會發生的。
2. 經常保持著「顧客永遠是對的」的心態。
3. 歡迎抱怨，將之視為一種情報來發現問題，故應感謝提出抱怨的顧客。
4. 抱怨者最需要「吐怨氣」，應給對方吐的機會。
5. 顧客抱怨務必反映給上級主管，不可因怕責罰而掩飾。
6. 絕不推托找藉口，以避免抱怨事件惡化。
7. 處理抱怨的過程中，要特別注意尊重顧客的自尊。

（二）抱怨處理原則

1. 冷靜：先保持冷靜，絕不可輕易動怒，使顧客更加生氣。
2. 傾聽：勿與客人爭辯，且不推托責任，須以鎮靜真誠態度為忠實的聽講者。
3. 記錄：將事件之重點作成紀錄，以利對上級報告。
4. 報告：將事件發生之經過及處理情況，向上級報告。
5. 辦法：提出一套解決之道，並向顧客以口頭或書信道歉，抑或禮物等補償。
6. 追蹤：事情過後，應追蹤抱怨處理的結果，探查顧客反應是否滿意。
7. 檢討：單位內應對抱怨事件之處理過程作一檢討，有助未來類似事件之處理外，更重要是要能避免錯誤再度發生。

第 7 章

民宿之房務服務

　　良好妥適的客房設備須搭配完善的房務管理，才能令住客感受到優質的服務，且房務管理除維護清潔、設備保養、環境美觀外，確保民宿資產及旅客安全亦是必要工作；在實務操作上，學習專業技能，運用好的工作方法及持續訓練可以達到事半功倍；另外在落實各項維護檢查與保養工作，除確保客房服務品質外，也是節約經營成本之必要作業。

第1節　房務標準作業流程

　　房務管理在旅館服務範疇，已有一套經驗法則之標準作業流程，民宿提供之房間數較少，但可參考旅館既有之房務標準作業流程，除可縮短學習歷程，且可提升民宿房務清潔維護管理之品質。

一、房務作業內容

（一）整理房間的作業

　　1.領取鑰匙作業：設計領取鑰匙紀錄本，整理房間者需登記領用時間與交還時間，可確保旅客住宿的安全。

　　2.如何進入房間：整理房間時，不論旅客是否離開，皆應先敲門，若住客仍在，應得到應允後進入房間整理。

　　3.整理房間的程序：打開窗簾、窗戶—檢查燈光—關燈、關音樂—鋪床—整理家具—收垃圾—清洗浴室—擦拭家具、燈飾、鏡子—補備品—地毯吸塵—關上房門—登記整理完成時間。

（二）特殊狀況作業

　　1.客衣服務：填寫洗衣單（房號、姓名、日期、樣式、件數—

旅客確定送洗件數—核對衣服有無破損—填寫洗衣登記表—
洗衣廠點收—洗好送回。

2.夜床服務：拉開床罩成90度—關窗簾—開夜燈—關門。
（可贈小紀念品）

3.遺留物服務：遺留物登記簿（日期、房號）—通知住客。
（依慣例保留六個月，若無人認領，歸拾獲者）

4.房間備品遺失或損壞處理：客人退房—檢查房間—發現備
品遺失—確定數量—詢問客人—登記遺失／損壞紀錄本。

5.加床服務：登記收費—推加床至房間—客人退房—將床推出
—放回原位。

6.續住處理：優先整理房間—敲門—進入房間—檢查是否有物
品故障及報修—整理好房間—登記時間。

7.設備報修處理：設備報修登記簿（房號、損壞項目）—工程
單位叫修—恢復原狀。

（三）布巾送洗作業

將髒布巾分類—清點數量—填寫布巾送洗單—洗衣廠點收—洗
好送回—清點數量分類。

二、房務主要工作項目

1.客房之打掃整理。

2.客房設備之維護保養。

3.確保民宿資產及旅客生命之安全。

4.維護環境之整潔美觀。

5.客衣之洗滌整燙服務。

6.旅客遺留物之保管。

7.客用備品之管理。

8.夜床服務。

9.旅客之接待服務。

10.旅客意外事件之處理。

三、打掃整理作業流程

1.打掃前的準備。

2.打掃前的檢查。

3.收拾餐具、茶具及棉織品。

4.倒垃圾。

5.清洗浴室。

6.鋪床。

7.擦拭家具。

8.補充備品。

9.地毯吸塵。

10.檢查設備。

11.調整修飾。

12.變空房燈。

四、鋪床作業

（一）羽毛被

1.鋪床單時摺痕的中線對著床的中央，兩側平均，第一條床單須塞好鋪平。

2.再鋪上組合好的羽毛被，被子上端與床頭板切齊，兩側下垂之被子與床墊齊平，床尾部分須塞入床墊內，注意床面、兩側塞入部分須平整。（羽毛被組合：羽絨與被套組合前，先以被套前端兩側孔的布條綁住羽絨寬度方向的兩邊角，再以被套整個往下拉，蓋滿羽絨，即告完成組合。）

（二）毛毯

1. 鋪床單時摺痕的中線對著床的中央，兩側須平均，第一條床單須塞好鋪平，同時鋪上第二條床單，上端凸出床頭 20 公分，再鋪上毛毯與床頭齊平。
2. 第三條床單最後鋪上，上端與床頭齊平，將第二條床單凸出部分回摺並拉平尾端，並用兩手抓住兩床角回摺 20 公分拉平，再回摺 20 公分後拉平，兩側床單再以 45 度角方式塞入床墊內，上端兩側下垂之床單亦以同樣方式逐一塞入床墊。

（三）枕頭套

1. 枕頭套封口要塞好平整，置於和床頭切齊的床鋪中央蓋上床罩。四個枕頭緊靠對齊。
2. 若是續住的房間，兩個放床上，另兩個擺放衣櫃，枕頭與床沿距離兩側須對稱。

（四）床罩

1. 床罩在床尾部分約離地 1 公分，兩側縫線與床沿齊，床頭部分要完全包住枕頭，都要塞得結實、平整，不可鬆皺。
2. 床尾向兩側對齊並注意枕頭及床面平整。

五、打掃工作分配

1. 每日人力之運用，由民宿主人或房務主管統籌規劃合理分配。
2. 打掃間數，由民宿主人或房務主管核算完成後發交清理人員登錄於房間清潔分配表內。

六、打掃房間之四大重點

1.步驟：
    (1)由上往下。
    (2)由裡向外。
    (3)由角落至中間。
    (4)由背面至正面。
    (5)由右至左或由左至右。
2.看不到的地方務需清除乾淨。
3.玻璃、鏡面、金屬及大理石面亮潔無水痕。
4.角落、縫隙均需徹底清潔。
5.其他注意事項：
    (1)清煙灰缸時，務必確認煙蒂是否熄滅。
    (2)掀床罩時應先檢視床上有無放置細小物品，以避免包在床罩內。
    (3)如發現房客使用高危險性電器用品，應隨機立即處理。
    (4)如房客將衣物鋪放在燈罩上烘乾，應即取下改掛於浴巾桿上，以防止起火燃燒。
    (5)如發現房客帶寵物，應立即依寵物規定作業處理。

七、打掃房間之三大禁忌

1.嚴禁以客用浴毛巾當抹布使用。
2.嚴禁擅自使用未經許可之清潔劑與器具。
3.嚴禁為清潔而破壞設備材質。

八、檢查房間之五大重點

1.空氣：清新無異味。
2.設備：功能正常。

3.備品：齊全無瑕疵。

4.整齊：井然有序。

5.清潔：潔淨衛生。

九、高品質房間之三大要素

1.安全：各種設備均應確保安全無虞。

2.舒適：溫濕度適中，色調氣氛柔美，安靜舒適宜人。

3.方便：家具、燈飾、備品之擺設，力求使用順手。

十、房間檢查內容

1.房門設備：門鎖、門鈴、門弓器、勿打擾燈、防盜鏈。

2.衛浴設備：浴室門鎖、整容鏡、抽風機、浴室鏡、浴巾、蓮蓬組、水龍頭、浴缸、臉盆、洗臉檯、吹風機、浴室電話、馬桶、浴毛巾、備品、淋浴間、水質。

3.臥室設備：天花板、牆壁、冷氣出風口、冷氣溫控器、化妝檯、地毯、文具夾、電視機、迷你酒吧、冰箱、餐具、窗戶、窗簾、桌椅、燈飾、床鋪、床罩、床裙、枕頭、羽絨被、床單、床頭板、便條紙、電話機。

十一、修繕作業

1.找維修廠商固定維護修理為未來趨勢。

2.維護事項需逐一登錄備查。

十二、客房物品（備品）庫存管理

1.客房物品（備品）應由專人登載建檔管理（可運用簡易倉儲管理軟體），物品應分類存放，按使用頻率、物品大小規劃存放領取動線，以增進使用效能。

2.庫存物品應先注意物品使用期限（如礦泉水、牙膏），採先

進先出方式，故每次進貨應標註日期，庫存物品通常須每週清點一次，而每月例行盤點與存貨清單實際核示，以做為財務報表之依據及是否進貨之參考。

十三、旅客遺留物之處理

1. 對旅客遺留物應建立旅客遺留物登記簿，記錄遺留物特徵細節、發現日期、時間、地點及尋獲者姓名，將旅客遺失物標上編號妥為保管。
2. 按發現遺留物地點（如客房等），主動依旅客訂房資料確認遺留物品寄還主人。
3. 如遇旅客詢問遺留物品，應先登錄失主姓名、電話號碼、地址，並描述失物特徵及遺失地點，協助尋找，不論失物尋獲與否，均要通知失物主人。

第2節　房務工作人員服裝儀容

房務整理通常為民宿女主人或僱請佣工打掃，通常對服裝儀容較不重視，但在實際服務情況，卻是常須與旅客互動，故在個人衛生、髮型、穿著儀容方面，仍須注意整齊清潔之要求，給予住客良好之觀感。

休閒產業人員服裝儀容標準訓練，包括個人衛生、頭髮、手和手指甲、配件與首飾、鞋子、穿著等等。

一、個人衛生

1. 每天洗澡，每餐飯後刷牙，使用牙線清理牙齒。
2. 必要時使用體香劑及口腔芳香劑。
3. 餐飲服務人員禁用古龍水及香水，其他服務人員則可適量使

用清淡古龍水及香水。

二、頭髮的長度和形式

1. 髮型必須保持整齊、清潔,禁止梳理奇怪髮型及染奇怪髮色。

2. 男性工作人員的頭髮,前面不可超過眉毛,後面不可長及衣領。不可蓄鬍鬚,並須每天刮鬍鬚,保持臉部整潔。

3. 女性工作人員的頭髮,長度過肩者,須挽起用黑色髮帶綁起,並用黑色髮網套好;短髮者須用黑色髮夾夾好或髮環套好,不可任由頭髮鬆散下來。臉孔須略施脂粉,塗上與制服相搭配的口紅,但不可誇張或無品味。

三、手和手指甲

1. 男性工作人員指甲應剪短且修整清潔。

2. 女性工作人員可留適度長度的指甲,但須隨時清理修剪乾淨,可塗上薄的亮光或淡色指甲油,顏色與口紅相調和,與制服亦須搭配,但不可太鮮豔。

四、配件與首飾

1. 當班時不建議配帶配件或首飾,如因風俗禮儀必配者,應求其款式簡單,不過於醒目,配帶數量應遵行以下規定:
   (1) 戒指:只可帶結婚或訂婚戒,不可帶太大的寶石戒。
   (2) 手鐲:方便型腕錶、手鍊、佛珠可接受。
   (3) 項鍊:不可露出制服外面。
   (4) 耳環:小型、貼耳型。

2. 除民宿主人發給之徽章,不准在制服上配戴其他飾品或別針。

3. 所配戴之眼鏡除非醫師囑咐,必須是無顏色。

五、鞋子

1. 必須穿民宿主人規定之舒適統一之鞋子，須每天保持乾淨整潔。
2. 男性工作人員應穿黑色、深藍色或深褐色的襪子。
3. 女性工作人員著淺色或淺膚色絲襪，不可有花邊或花色。

六、穿著

1. 制服須常檢查是否乾淨、整潔、燙妥。
2. 名牌須端正戴在上裝左邊口袋上，並經常保持其光亮。
3. 制服有外套及領帶者，當班時應穿戴好，鈕釦亦隨時扣好。

第3節　民宿房間檢查

　　房務整理常說的一句話：「你的最後一眼，即是顧客的第一眼。」所以每天房務整理後之例行檢查，是不可忽略的工作，唯有透過明確規範、標準流程的檢查，才能確保良好的客房品質，讓客人感受到主人的用心。

一、房間清潔衛生標準

（一）清潔衛生總要求

1. 眼看到的地方無污漬。
2. 手摸到的地方無灰塵。
3. 房間優雅安靜無異味。
4. 浴室空氣清新無異味。

（二）房間清潔衛生「十無」要求

1.天花板牆角無蜘蛛網。

2.地毯（地面）無雜物。

3.樓面、房間整潔無蟲害（老鼠、蚊子、蒼蠅、蟑螂、臭蟲、蛀蟲、螞蟻）。

4.玻璃、燈具明亮無積塵。

5.布巾類潔白無破損。

6.茶具、杯具消毒無痕跡。

7.銅器、銀器光亮無鏽污。

8.家具設備整潔無殘缺。

9.壁面（壁紙）乾淨無污跡。

10.浴室清潔無異味。

二、客房檢查法

客房檢查要非常仔細，必須鉅細靡遺，不能疏忽任何項目，使客房清潔舒適有所保證（詳如**表7-1**）。

（一）檢查房間

1.房門：

(1)房號牌完好光亮。

(2)門鎖開啟時是否靈活。

(3)防盜鏈是否完好，固定頭無鬆動。

(4)門後有否逃生圖，圖架乾淨與否。

(5)門後是否掛有「請勿打擾」牌和「請打掃房間」牌（以指示燈表示者，檢查功能正常否）。

(6)門擋（又稱門止）整組是否起作用而無鬆動。

(7)「窺視眼」功能正常與否。

表 7-1　民宿客房清潔檢查評分表

房別 _____　　　　　　日期 _____

名稱	標準	及格	改進	缺點
房門：門鎖				
門框				
門燈				
門擋				
房號牌				
防盜眼				
安全鏈				
整理房間卡				
逃生指示圖				
衣櫥：門板軌道				
棉被、枕頭				
衣架、衣架桿				
拖鞋、鞋拔				
購物袋、洗衣袋				
冰箱：內部清潔				
外部清潔				
飲料、食品				
化妝桌：化妝鏡及框				
化妝椅				
抽屜、針線包				
檯燈、電線				
文具夾、備品				
家具：沙發椅				
行李架				
電視、控制器				
垃圾桶				
茶几				
煙灰缸				
冷氣出風口				
冷氣控制器				
天花板				
牆壁				
地板				
壁畫				

（續）表 7-1　民宿客房清潔檢查評分表

名稱	標準	及格	改進	缺點
電話				
面紙盒、面紙				
熱水瓶、水杯				
便條紙、鉛筆				
床：床頭板				
床罩、床裙				
床下地板（毯）				
床頭燈				
窗戶：玻璃及框				
窗簾、紗簾				
掛鉤				
浴室：門、框、門擋				
掛衣鉤				
洗臉檯				
鏡子				
吹風機				
臉盆及水龍頭				
衛生紙、架				
浴巾、面巾				
毛巾架				
天花板、抽風機				
肥皂、盒				
備品、盤				
浴缸				
蓮蓬頭				
馬桶內、外				
垃圾桶				
地板				
浴室燈				
漱口杯、盤				
浴簾、桿、掛鉤				
牆壁				

檢查者 _____　　　　　經理 _____

2.衣櫃：

    (1)有否洗衣袋、洗衣單、購物袋。

    (2)衣架數量及種類有否足夠和整齊掛上。

    (3)棉被折疊是否整齊。

    (4)櫃內的自動開關電燈是否正常。

    (5)衣架橫桿是否有擦拭、有無鬆動。

3.組合櫃：

    (1)抽屜是否活動自如，內部是否乾淨。

    (2)是否有針線包、防煙頭罩。

    (3)煙灰缸是否乾淨，火柴有否用過。

    (4)文具夾內物品是否齊全。

    (5)化妝鏡是否明亮，上緣是否有積塵。

    (6)電視機是否正常，是否擦拭乾淨。

4.冰箱：

    (1)各種飲料是否齊全，飲料名稱皆向外。

    (2)冰箱內外是否清潔衛生、無異味。

    (3)是否有除霜。

    (4)是否有不正常運轉聲。

5.天花板：

    (1)是否有裂縫、漏水、霉斑、霉點。

    (2)牆角是否有蜘蛛網。

（二）飲水機

1.冷熱飲水是否功能正常。

2.若有熱水瓶，是否裝滿飲用水，功能正常否。

3.茶葉盒內各種茶包是否齊全。

（三）落地燈（立燈）

1.開關是否正常。

2.燈罩接縫處是否在後部，是否清潔。

3.燈泡是否有積塵。

（四）垃圾桶

1.桶內有無垃圾。

2.桶外是否清潔。

（五）牆壁

牆壁（或壁紙）是否有污跡、破損，壁面有否裂縫、霉斑、霉點。

（六）床頭燈

與落地燈要求相同。

（七）空氣調節

1.是否調至規定溫度（23-25℃，OK 房應置 LO 位置）。

2.出風口是否發出聲響或藏有灰塵。

（八）電話

1.電話是否正常。

2.電話機及電話線是否清潔衛生。

（九）床

1.床頭片是否擦拭乾淨。

2.床鋪是否平整、美觀、清潔，床底是否有雜物。

（十）扶手椅或沙發

1.表皮是否乾淨，有無破損。

2.座墊下是否藏有紙屑、雜物或灰塵。

3.椅邊、椅腳是否有積塵或污漬。

（十一）掛畫

1.是否懸掛端正。

2.玻璃是否明亮，上緣是否有積塵。

（十二）地毯

1.是否破損，邊角是否有雜物。

2.是否有咖啡漬、茶漬、口香糖漬。

（十三）窗簾

1.窗簾、紗簾是否懸掛美觀，是否乾淨無塵。

2.掛鉤是否脫落。

3.窗簾、紗簾拉繩是否操作自如。

4.遮光布是否有破損或退化現象。

（十四）玻璃窗門

玻璃是否光潔明亮。

（十五）檢查浴室

1.浴室門：

(1)門鎖轉動是否靈活。

(2)門框是否積塵。

(3)門後掛衣鉤有否鬆動。

(4)OK 房狀態下，門半掩（開 30 度的位置）。

2.鏡子：

    (1)有否積塵及污漬、水痕。

    (2)是否有破裂或水銀脫落現象。

3.天花板：

    (1)有否移動或鬆脫。

    (2)抽風機是否清潔和運轉正常。

    (3)抽風機是否有噪音。

4.馬桶：

    (1)蓋板及坐墊是否清潔。

    (2)沖水功能是否正常。

    (3)馬桶內壁是否清潔。

    (4)馬桶的按手是否操作正常。

    (5)水箱面是否清潔，是否擺放「女賓衛生袋」。

5.洗臉盆及浴缸：

    (1)所有金屬配件如水龍頭、淋浴噴頭等是否保持光潔。

    (2)瓷盆內壁有否水珠或肥皂漬。

    (3)冷熱水龍頭是否正常。

    (4)盆內水塞有否積毛髮，去水系統是否正常。

    (5)皂碟有否積聚肥皂或肥皂漬。

    (6)浴簾有否水珠或污漬。

6.大理石洗臉檯：

    (1)是否清潔明亮。

    (2)有否被磨花或腐蝕。

7.備品：浴帽、水杯、牙刷、牙膏、浴巾等布巾類、淋浴精（沐浴乳）、洗髮精及其他各式備品是否整齊擺放。

8.牆壁：

    (1)是否乾淨，磁磚或大理石壁面明亮無水痕。

(2)電話、吹風機、化妝用放大鏡、嵌壁面紙盒是否乾淨。

9.氣味：是否有異味存在。

10.地面：

(1)是否擦拭乾淨。

(2)排水系統是否正常。

(3)排水孔是否積毛髮雜物。

第4節　客房清潔維護與保養

　　客房設備乃昂貴的投資，妥善地維護以延長使用壽命及保有原始之鮮麗色調，可節省投資成本並加大創造利潤之空間，是房務管理的使命。然而，除了清潔與保養之外，階段性的翻修以維持客房品質與市場競爭力是必需的。（張榮宗，2002）

一、客房清潔維護注意事項

（一）清潔劑及正確使用方法

　　客房內各種不同材質之家具、器具、家電用品等之清潔，應使用不同之清潔劑，以及不同之處理方法，才能達到清理維護、消毒之功效，維持器具用品之使用壽命與讓顧客感到清潔、衛生、舒適之感覺（詳見**表 7-2**）。

（二）髒污種類及清除程序

　　在客房服務使用中，遊客常不慎將不同類型的食物、動植物性物質沾污在毛毯、地毯或床單、被套等物品上，如果處理不當，可能需整組更換，無形中增加經營成本，如能依髒污種類與妥善地清除（理），將可使物品還原外觀，持續使用（詳見**表 7-3**）。

表 7-2　清潔劑及其正確使用方法表

化學藥水	顏色	用途	功效與使用方法
萬能清潔劑	黃色	牆壁、洗臉檯、家具、玻璃杯、茶杯	去除污垢、油漬、化妝品漬，有防霉功效，須用水稀釋使用。
浴室清潔劑	紫色	馬桶、浴缸、洗臉檯	除臭、殺菌，倒入馬桶時用鬃球刷清洗，再用水洗淨。
玻璃清潔劑	藍色	鏡子、玻璃	噴少許，用乾布擦，可光亮如新。
消毒芳香劑	淺綠色	控制異味	用於客房、浴室、大廳殺菌清新空氣，往上噴，芳香四溢。
金屬拋光劑	白色泡沫	門鎖、門把、水龍頭、紙滾筒蓋、毛巾架	直接噴灑於物件上，用乾布反覆擦拭至光亮為止。
家具蠟		家具、皮革製品	噴灑於家具，用柔軟布反覆擦拭，使家具表面光潔形成保護膜，防塵、防潮、防污。

表 7-3　髒污種類及清除程序表

髒污	種類	程序
油性物質	牛油、油脂、油、搓手霜、原子筆油	移開黏著物，塗上乾洗液；使地毯乾燥；假如必須再塗上溶劑，使地毯乾燥後輕刷毯毛。
油質食物動物物質	咖啡、茶、牛奶、肉汁、巧克力、血、蛋、冰淇淋、醬油、沙拉醬、嘔吐物	移去黏著物，吸去液體並刮去半固體，塗上清潔劑、蠟及水的混合溶液；使地毯乾燥塗上乾洗溶劑；使地毯乾燥並輕刷毯毛。
食品澱粉與糖	糖果、飲料、酒類	吸去液體或刮去半固體；塗上清潔劑、醋及水的混合溶液，使地毯乾燥再塗上溶液；如必須的話，使地毯乾燥並輕刷毯毛。
污點	水果斑點、可洗墨水、水便	
重油脂口香糖	口香糖、油漆、柏油、重油脂、口紅、蠟筆	移開黏著物，塗上乾洗液；塗上清潔劑、醋及水的混合溶液，再塗乾洗液，使地毯乾燥並輕刷毯毛。

資料來源：詹益政（2002）。

（三）各類設備材質清潔保養方法

在客房裝修及各類設備中，會因美觀、舒適、優雅等考量裝修不同材質，如地板、衣櫥、桌椅等，故其清潔與保養應依不同材質而施以保養（詳見**表 7-4**）。

表 7-4　各類設備材質清潔保養方法參考表

材質類別	清潔劑	打蠟及磨光
瀝青花磚	稀薄之中性肥皂溶液、人造清潔劑或冷蠟劑——依照廠商之指示使用。	蠟類或聚合體類水乳劑。
橡皮	最好用人造清潔劑——依照橡皮製造業協會之建議。	蠟類或聚合體類水乳劑。
塑膠	任何良好之肥皂、清潔劑或除蠟劑。	蠟類或聚合體類水乳劑、清潔磨光兩用蠟溶劑。
油氈	中性肥皂、清潔劑、除蠟劑，勿用強鹼溶液。	蠟類或聚合體類水乳劑、清潔磨光兩用蠟溶劑。
膠泥	中性肥皂、清潔劑或除蠟劑。	蠟類或聚合體類水乳劑，可以乾擦而不用蠟。
軟木	限密閉的地面——中性肥皂、人造清潔劑或除蠟劑，避免使用過多的水。	清潔磨光兩用蠟溶劑、蠟類或聚合體類水乳劑，限用於密閉良好的地面。
木質	限密閉的地面——肥皂、人造清潔劑、除蠟劑，少用水。	清潔磨光兩用蠟溶劑、蠟類或聚合體類水乳劑，限用於密閉良好的地面。
磨石子	限密閉的地面——無鹼性人造清潔劑，勿用肥皂。	清潔磨光兩用蠟溶劑、蠟類或聚合體類水乳劑，限用於輕硬化及中和的地面。
黏土或陶製花磚	中性肥皂、人造清潔劑或除蠟劑。	清潔磨光兩用蠟溶劑、水乳劑，限用於輕硬化及中和的地面。

資料來源：詹益政（2002）。

二、客房保養與翻修

（一）客房保養方法與週期

客房設施由於不同旅客住宿的使用習慣，會產生各種損壞或磨損情形，爲延長使用期及保有原始鮮亮之外觀，除要視設施種類訂定保養方法與週期維護保養外（詳見**表 7-5**），更要依客房設備屬性建立保養翻修計畫，規劃保養週期與翻修年限，以維持客房服務品質。

（二）客房保養與翻修計畫

客房保養與翻修計畫包括下列七項：

1.客房日行清潔。
2.客房保養。
3.客房維護。
4.修補。
5.小翻修。
6.大翻修。
7.客房重建。

客房保養與翻修之週期、年限與要項，分別敘述如**表 7-6** 。

三、民宿房務各類設備檢查及保護維護注意事項

（林玥秀、劉元安、孫瑜華、李一民、林連聰， 2000）

1.發電機：
　(1)定期運轉及定期保養。
　(2)各控制開關檢查，平時設定在自動位置即可。

表 7-5　客房保養方法與週期表

區域與項目	保養方法	保養週期
一、門：1.門板	擦拭乾淨再用家具亮光劑擦拭	3-7 天
2.門號	擦拭乾淨再用亮光劑擦拭	3-7 天
3.門鎖	擦拭乾淨再輕點油劑	3-7 天
4.門栓	擦拭乾淨再輕點油劑	3-7 天
5.門下地毯	1.尼龍刷沾溫水刷除污垢 2.乾布壓地毯濕處 3.讓地毯自然風乾	7-14 天
二、玄關：1.總開關	用水與抹布擦拭乾淨	3 天
2.天花板		3 天
3.嵌燈	用乾布（忌濕布）擦拭乾淨	3 天
4.迴風口	用水與抹布擦拭乾淨	30-60 天
5.穿衣鏡	玻璃清潔劑噴濕後，羚羊皮拭淨（忌用報紙） 鏡框用家具亮光劑擦拭	3 天
三、衣櫥：1.衣櫥門	擦拭乾淨再用家具亮光劑擦拭	3-7 天
2.衣櫥燈	用乾布（忌濕布）擦拭乾淨	3-7 天
3.衣櫥上下	擦拭乾淨	3-7 天
4.衣架	擦拭乾淨	3-7 天
四、1.小酒吧檯	用水與抹布擦拭乾淨	3 天
2.小冰箱	1.用水與抹布擦拭乾淨 2.用牙刷與牙膏清理冰箱表面污垢 3.除霜	7-14 天
3.熱水瓶	1.內外清理乾淨 2.濃縮醋加水煮沸，以去水垢與異味 3.用清水再沸過後倒掉	7-14 天
4.杯盤	1.用洗碗精清洗 2.浸泡於 4/1,000 的漂白水中 3.清水洗淨	3 天
五、行李架	擦拭乾淨再用家具亮光劑擦拭	7 天
六、電視櫃	擦拭乾淨	3 天
七、床組：1.床頭櫃	擦拭乾淨再用家具亮光劑擦拭	3 天
2.床	每三個月翻轉一次	3 個月
3.床罩與床裙	視清潔程度送洗	視清潔程度送洗
4.床下清潔	吸塵器吸塵	7-14 天
八、掛畫	畫框內外擦拭乾淨	7 天

（續）表 7-5　客房保養方法與週期表

區域與項目	保養方法	保養週期
九、 1.寫字桌椅	擦拭乾淨再用家具亮光劑擦拭	7 天
2.咖啡桌	擦拭乾淨再用家具亮光劑擦拭	7 天
3.立燈	用乾布（忌濕布）擦拭乾淨	7 天
十、 1.窗檯	擦拭乾淨再用家具亮光劑擦拭	7 天
2.窗戶清潔	用玻璃清潔劑內外清潔	7 天
3.厚／紗窗簾	打塵／用專用小吸塵器吸塵	7 天
4.窗簾下地毯	吸塵與保養	7 天
十一、 1.陽台	刷洗	3 天
2.排水口	清洗／除雜物／用金屬亮光劑保養	7 天
十二、 1.地板	擦拭乾淨再用亮光劑擦拭	7 天
2.地毯	地毯清洗機	3 個月
十三、燈具與燈光	擦拭乾淨	7 天
十四、 1.偵煙器	擦拭乾淨	3 個月
2.灑水頭	擦拭乾淨	3 個月
十五、電話	酒清擦話筒／銅油去筆跡	7 天
十六、浴室： 1.馬桶	浴廁清潔劑／馬桶刷／手套	3 天
2.浴缸	五金類以金屬保養液保養／矽膠發黑需除掉重打／排水孔邊之水垢用牙刷沾清潔劑去除／浴缸用中性清潔劑配合無鋼絲菜瓜布刷洗	3 天
3.地板	視材質而定。石材需由廠商提供石材保養方式，如材質允許可晶化打磨	3 天
4.洗水槽	五金類以金屬保養液保養／排水孔邊之水垢用牙刷沾清潔劑去除／水槽用中性清潔劑配合無鋼絲菜瓜布刷洗	3 天
5.壁面	試材質而定。一般性的中性清潔劑配合無鋼絲菜瓜布刷洗即可，一體成型的塑鋼浴室忌高溫水沖洗	3 天
6.鏡子	玻璃清潔劑噴濕後，羚羊皮拭淨（忌用報紙）。鏡框用家具亮光劑擦拭	3 天
7.天花板	一般性的中性清潔劑配合無鋼絲菜瓜布刷洗即可	30 天

資料來源：張榮宗（2002）。

表 7-6　客房保養與翻計畫參考表

客房保養與翻修計畫	週期與年限	客房保養與翻修要項
一、客房日行清潔	日行	日行清潔
二、客房保養	週／月／季計畫	定期深度清潔
三、客房維護	視情況隨時為之	客房設施與配備進行工程養護
四、修補	2 至 3 年週期	修補地毯、壁紙，補漆，小部分更換壁紙等
五、小翻修	5 至 7 年週期	更換地毯、壁紙，重新油漆，更換窗簾、床罩等家飾布以改變整體色系等
六、大翻修	12 至 15 年週期	依民宿的市場需求，重新規劃及翻修客房
七、客房重建	15 至 50 年週期	依民宿的市場需求，重新規劃及翻修客房，並同時進行建築結構的補強或修建

資料來源：張榮宗（2002）。

　　(3)注意柴油油位及冷卻水位。

　　(4)風扇葉片是否老化、龜裂。

　　(5)更換潤滑油、檢視電瓶電壓。

　2.蓄電池組：

　　(1)電壓、溫度測試。

　　(2)蒸餾水、高度檢查。

　3.各開關箱、接線箱之接點是否完全上緊？是否有生鏽腐蝕？

　4.照明設備是否保持正常完整，如有閃爍情況，可預先更換。

　5.電話、音響設備、對講機及緊急廣播須定期測試，以免突發狀況如火災時未能發生作用。

　6.冷卻水塔：

　　(1)水塔出口過濾器、塔身內外、散熱片清洗，及風扇皮帶調整與定期更換。

　　(2)馬達及各轉輪軸承上油，並檢查三相電流是否平衡。

　　(3)各種藥品的使用濃度是否正確及藥箱是否正常堪用。

7.水質之定期測試化驗，以確保自來水殘餘氯、酸鹼值、硬度
等符合標準。如有設置飲水機，濾心須定期拆下清潔或更
新。

8.空調機：

(1)皮帶檢查調整，軸承上油。

(2)空氣濾網、散熱片之清洗。

9.送風機、排風（煙）機、空氣壓縮機：

(1)皮帶檢查調整，軸承上油。

(2)補充潤滑油、清潔擦拭及補漆。

10.冷氣及冰箱：

(1)風扇檢查及壓縮機結霜情形檢測。

(2)冷凝器之清潔及冷凍油檢視。

(3)冷媒是否足量。

11.消防系統：

(1)滅火器、乾粉滅火器是否有效及是否過期。

(2)受信主機及感知器是否正常。

(3)消防栓、自動灑水系統、自動泡沫噴灑系統、瓦斯探漏
器之測試與檢查。

第 8 章
民宿餐飲規劃與服務

在英國民宿的起源，即以 B&B（breakfast and bed）為民宿之通稱，供應早餐成為民宿服務基本要項之一，歐洲民宿以農莊自行生產之乳製品及主人親自烹烤麵包為早餐之特色；日本民宿以溫泉與懷石料理為餐飲之特色；我國民宿發展更以原住民及各農、漁、牧特產之風味餐或養生料理為特色。故如何有效運用在地的農、漁、牧特產，用心精研美味鄉土餐飲，兼以保存傳統飲食文化特色，提供民宿住客優質的餐飲服務，建立自然健康嚮往的餐飲供應服務機制，亦是民宿經營重要課題之一。

第 1 節　民宿餐飲之規劃

民宿餐飲應以在地、多元、特色之概念來規劃，依客源屬性之餐飲需求與本身供給能力規劃提供之餐飲類型，並應考量原家庭式廚房、餐廳及供餐動線之改善，規劃適當質與量之餐飲服務方式。

一、民宿餐飲規劃概念

（一）民宿餐飲在地化

結合在地自有的生產內容、家傳的烹飪技巧、正統的草根味道、濃郁的鄉土人情，將當地餐飲文化，做另一層次的推廣和傳承，特別是在農業經營已無法藉單純的生產來維持農家生活的今日，發展農業休閒化，創造農村轉業新契機，更有助於農業發展的新價值。

（二）民宿餐飲多元化

自古以來「民以食為天」，不管任何休憩活動，皆需藉由餐飲來獲取豐富的營養和體力，是以配合週休二日，國人戶外休閒及遊

憩的風潮,運用原有的農業設施,提供自產的美味佳餚,隨著季節的變化,以最新鮮、最道地、最符節氣的物產,佐以農家獨具的私房風味,規劃民宿的餐飲服務,除創造農村就業機會外,也有助於農民所得的提高。現今,如何在風貌多元的中、西飲食方式上,創造休閒農業餐飲成為民宿經營特色之一,基本發展條件上可遵守下列五項概念:

　　1.以農村自有的農產為餐飲主軸。

　　2.融入在地傳統餐飲文化。

　　3.不一定擁有固定用餐的場所。

　　4.具備提供餐食與飲料的服務和設備。

　　5.以營利為目的之專業服務。

(三)民宿餐飲特色化

　　民宿餐飲規劃以營造自我特色為重點,考量下列要項:

⊞ 名稱的選定

　　容易記憶,又令人印象深刻,還要符合餐飲產品,所要表現的鄉土特色,可從地名、農產特色、鄉野故事中,挖掘古老的傳說,或尋找在地獨具的稱呼方式。例如宜蘭員山鄉枕山休閒農業區內「古憶庄」民宿,廣泛收集各式古舊農具,搭配豐盛、菜色繁多的早餐,吸引遊客的心。

⊞ 確定主題

　　凸顯自己的手藝,讓遊客很清楚餐飲的主要特色和招牌私房菜,例如「玉蘭茶葉休閒農業專區」的茶凍和茶薰蛋。

⊞ 佈置風格

　　要具農漁村與山地特色,或地方文化意涵,並能夠和周遭自然環境融合協調。例如南投縣仁愛鄉的「山居民宿」,結合山脊眺望水庫及春陽部落的環境特色,與主人原住民兼畫家的背景,營造相

當優美的風格。

田 整體包裝

以當地特色及農產組織,共同包裝標誌,凸顯最道地的視覺印象,和區域特產完美互容,表現鄉野特殊風采。例如宜蘭縣大同鄉「玉蘭茶葉休閒農業區」的家政班,研發推動的「茶餐饗宴」,以及宜蘭礁溪鄉「大塭養殖專業區」的「蘭陽蟳屋」。

田 引領潮流

藉由經營者的專業與用心,強調鄉野餐飲特色,形成流行,深獲遊客肯定,例如苗栗卓蘭「夢田花園」,業者以週六音樂會與精緻健康的飲食,加上可 DIY 香草口香糖,讓許多遊客一再重遊。例如彰化田尾「美成花草人文餐廳」,成功塑造健康花草風味餐,並結合各項休閒農業 DIY 活動,吸引客人上門。

二、餐飲種類的規劃

(一) 了解民宿餐飲市場需求

訂立餐飲規格前,要先分析客源層,了解主要顧客的年齡、習性、喜好、甚至宗教信仰、生活習慣、文化背景與消費模式,同時配合市場流行,發揮自有的農產優勢,再來決定供餐內容和菜式。

(二) 了解民宿餐飲的形式

而餐飲的形式,會根據供應的餐別,是早餐、午餐或晚餐,而有所不同,現行休閒農業大眾化的供餐方式,約可概分為下列六種:

田 合菜桌餐式

多以八或十人合為一桌,優點是菜量較省,菜色可先選套搭配,缺點是用餐時間較長,桌面周轉率低。例如台北縣金瓜石「雲山水」的鄉土桌餐。

⊞ 自助餐式

每餐提供多樣菜式，任客人自由選擇，好處是遊客有多種選擇機會，「吃好吃壞」則憑自己直覺感受；但是對於晚到的遊客，則選擇菜式減少，且無法預估可能的用餐人數，很難拿捏應供應多少，剩菜增多的可能性較大，例如宜蘭縣員山鄉「古憶庄」的自助式早餐。

⊞ 固定餐式

每餐消費額固定，每天每餐菜式不同，變化較多，但較無選擇，不論早到或晚到的遊客，都接受同等招待，剩菜種類降低，兼而減少挑食的現象發生，例如南投縣埔里鎮「松園度假山莊」的簡式套餐。

⊞ 快餐式

設計一至二樣主菜，加上青菜、沙拉等做配菜，可事先製備好，亦可變化為各式蓮藕排骨、什錦蘑菇燴飯、南瓜飯等等，以增加供應速度，此種供餐方式可使食物製作簡化，然而菜式變化也隨之減少，例如宜蘭縣羅東鎮「北成庄荷花形象館」的有機健康餐。

⊞ 烤肉或火鍋式

食材固定且能事先備妥，連同爐具、餐具也較簡化，可降低廚房的硬體設備與廚師費用，例如宜蘭縣多山鄉「三富農場」的烤肉活動。

⊞ 鄉土小吃 DIY

負責提供材料與指導人員，讓遊客享受參與的樂趣，還能品味道地的鄉土風味，在又吃又玩中，讓年輕一代，體驗傳統餐飲的趣味，例如宜蘭縣頭城鎮「北關農場」的草仔粿 DIY。

三、民宿餐廳與廚房規劃設計

(一) 民宿餐廳工作區之劃分

民宿受限於原建築物之空間限制,可考慮以現況配合閒置空間調整改善或利用戶外適當良好視野空地,營造良好氣氛與特殊餐飲環境,又因餐飲供應為產銷一體的服務,要有生產食品的廚房,提供服務的人員,以及能夠滿足現場享用產品的客人等功能,因此,在整體用餐環境的設計規劃時,除了優先考量客人需求外,也應一併考量工作的方便性與動線,明確地區隔出行政區域、服務區域、配餐區域等位置,讓工作流程能有條有理,按部就班地進行。

(二) 餐廳的設計原則

餐廳的地點對營業績效影響重大,因此確定主流顧客及供餐方式後,就該妥善預估遊客量,根據資金的預算,用心規劃下列六大重點:

⊞ 大門

大門的設計要寬廣,便於客人進出,甚至辦理大型活動,多人同時進出的方便與便利性,連同候車空間都要一併規劃。

⊞ 空間

用餐設備以外的地方,就稱為空間,其大、小、寬、高、效能都不能忽略,要讓客人有足夠的用餐私密度,又要能配合供餐作業時的工作便利,同時藉光照與各種裝飾品,營造出農家特有的溫馨風格與氣氛。甚至小型民宿與農場在初期發展時,還應該考慮空間的多元利用,例如餐廳兼作 DIY 教室,或辦理活動的場所等。

⊞ 動線

不管用餐的空間是大是小,良好的動線安排,原則是執行距離越短越好,一般動線可再細分成:客人的動線、服務人員的動線與

供餐的動線。綜合此三項動線的考量後，還可以反向推理出，空間配置的合理性，達到最適當的佈線方式。

⊞ 衛生與安全

衛生與安全可說是餐飲生存的命脈，因此，從進食用的餐具，到廚房的環境、烹調鍋具、食物保鮮、污水排放、油煙處理、廚餘回收等等清潔問題，都必須以衛生至上。而消防配備、煙霧警報、緊急照明、太平門標示等安全措施，也都必須符合規定，依法裝置。

⊞ 照明與色彩

適當的亮度可以塑造用餐的氣氛，亦能提供心理性的安全感與信賴度，另外色彩配合光影的效果，常會創造出奇異的視覺感受，例如南投縣埔里鎮桃米社區的「土角厝」水上民宿，具地方特色的土角厝招牌，成為吸引顧客視線的焦點。

⊞ 停車與上下車

車輛已是現代生活必備工具，寬敞、方便、又安全的停車設施，流暢的進出規劃，附帶大型車上、下車的整體考量，一樣會影響遊客，成為選擇用餐的參考因素。

（三）廚房的設計原則

⊞ 廚房的作業流程

完整的廚房作業基本流程，從原始材料的選配、採買、進料、驗收、整理、清洗、烹調、裝配、供應、儲存、廚餘、清潔到歸位，可謂非常繁瑣，卻又必須一貫作業地完成。

⊞ 廚房的三大區域

因此，可以將廚房作業簡化分為三大功能訴求，即是乾燥處理區、溼洗清潔區、烹飪作業區，並且根據三項特性的不同，作為規劃設計的思考原則。

田 **廚房的設計考量**

1.動線分明、簡化程序、減少走動。

2.設備依必需性和營業量逐漸添設。

3.作業規格化，器具固定化。

4.冷、熱、乾、溼分區。

5.各區使用範圍確定。

6.空氣流動與通風排氣。

7.防火、防滑、易清、不易附著油魯的建材。

8.採光與照明。

9.清潔與排水。

10.人體工學的運用。

11.確實核算水、電、瓦斯的配管與供應量。

第2節　民宿之菜單設計

　　民宿菜單設計首要充分運用自產的素材，跟隨季節生產的變化，可有不同的主、配菜色，並以科學的方法，詳細研擬最合理的訂價，讓菜單本身具備品質保證，行銷出自己的獨家特色。

一、菜單設計基本內容

菜單設計基本內容應包括：

1.自己的名稱。

2.獨家私房菜的特色說明。

3.各種菜餚項目的價格。

4.酒單和飲料單。

5.地址。

6.電話號碼。

7.營業時間。

8.其他有否服務費、發票稅捐或最低消費額等，也應加以註明。

二、休閒產業餐飲受歡迎之因素

（一）菜單多變化

不斷開發新菜式，提供各種年齡層的人，都能找到自己喜歡的食物，大快朵頤一番，是最受人喜愛的一點。

（二）售價平易近人

訂定合理大眾化的價格，吸引全家大小一同光臨，安心暢快享用農村美食，品味大自然的新鮮美味，荷包負荷不重，才能細水長流，客人一來再來。

（三）氣氛溫馨

休閒農業餐飲所能提供的最佳調味品，就是熱情、親切、舒服、自在，沒有正規餐廳的拘束，開放的空間，寬闊的大自然，更能促進快樂輕鬆的用餐。

三、設計菜單的基本原則

1.以客人的需要為導向。

2.能展現餐食的特色，具有競爭力。

3.善變，並適應飲食新趨勢。

4.餐飲藝術美學。

四、設計菜單應注意事項

1. 菜單的封面與內頁圖案均要精美，材質要能呼應餐飲特色，封面通常印有餐廳名稱標誌，可採用竹簡、蠟染、草編等農村素材。
2. 美饌佳餚的命名藝術。
3. 饌餚命名的科學性。
4. 籌畫設計菜單，關鍵還是要「貨真價實」，而不能只做表面文章，華而不實。

五、民宿餐飲主題設計參考

（一）植物主題

1. 花卉：菊花、茉莉、桂花、曇花、荷花、蓮花、蘭花、櫻花、梅花、百合、蒲公英、洛神花等等。
2. 香草：薄荷、薰衣草、羅勒、香茅、檸檬草、迷迭香、甜菊、香蘭、九層塔等等。
3. 水果：鳳梨、芒果、香瓜、番茄、草莓、桑葚、哈蜜瓜等等。
4. 其他：生薑、山藥、地瓜、芋頭、蘿蔔、竹筍、野菜、菜葉等等。

（二）動物主題

1. 水產：鱒魚、鱷魚、鯽魚、吳郭魚、鮪魚、螃蟹、龍蝦、九孔、蛤蜊、鱔魚、鰻魚、鯛魚、鱉等等。
2. 山產：山豬、山雞等等。
3. 家禽：雞、鴨、鵝、鵪鶉等等。
4. 家畜：牛、羊、豬、兔、鹿等等。

5.其他：青蛙、鱷魚、鴕鳥等等。

（三）農家生活主題

菜園、花園、果園、茶園、園藝、農場、牧場、山莊、林場、養殖場等。

（四）養生健康主題

藥膳、養生餐、美容餐、排毒餐、瘦身餐、減肥餐、去脂餐等等。

（五）家庭式的主題

採用自家耕種的農產品，結合家傳的烹調手藝，或獨家私房秘方，發展自己的家族風味，尋常的焢肉、燒烤、泡菜、醃漬等農家傳統菜餚，都可發展出獨特的口味來。

（六）DIY 的餐飲主題

簡單地代備食材，讓遊客自行動手烤肉、焢窯、火鍋，或者配合農場條件，安排遊客進入田園，自採蔬果作餐，有名的例子如台中縣新社鄉的櫻花林休閒農場、宜蘭縣冬山鄉的三富農場，每到假日，總是吸引很多人，又採又吃又玩三重享受。

第 3 節　特色風味餐研發

特殊風味餐飲或鄉土料理為營造民宿經營特色之一環，故民宿經營者可藉由了解當地各節令之資源與農漁牧產品，研發以住客需求為導向之特色餐飲，結合地方物產與文化資源，讓民宿餐飲具有地方與季節特色，創造獨具之風味，成為另類吸引遊客之競爭優

勢。

一、分析與運用現有資源與物產（材料）

（一）認識與運用當地資源（陳玉如，2002）

1.人文風俗：哪些與飲食有關？例如：埔里的紹興酒、花蓮的小米、屏東東港的黑鮪魚等等。

2.地理環境：有無因特殊地理環境而產生之特殊食物或特別飲食需要？例如：寒冷地區、溼熱地區、高山地區、沿海地區的飲食皆有差異。

3.特產：有哪些特產？有哪些可以入菜？目前有哪些特色餐飲？一般遊客的反應如何？例如：香草、水果、花卉、蔬菜、魚類或畜牧養殖生產種類等等。

（二）了解當地飲食習慣與物產特色（陳玉如，2002）

1.了解當地自然條件與特殊飲食習慣：例如宜蘭多雨、新竹多風、山區濕寒，長期處於這樣條件的人有無特殊飲食來調整或強化體質。

2.了解當地特殊食材的特色與季節性：

(1)目前這些食材的烹調處理方法是否得到消費大眾很好的反應。

(2)同樣的食材在不同季節有何差異，是否隨不同季節改變或調整烹調處理方法。

(3)什麼樣的季節吸引最多觀光客。他們都吃什麼、喝什麼，是否特別為餐飲而來。

3.目前當地同行業者是否都具有同樣的「特色」餐飲：

(1)是材料一樣還是烹調方法類似，如「茶餐」、「梅子雞」、「活魚三吃」等等。

(2)這些「特色」餐飲每年吸引多少遊客。

(3)有多少遊客是重複來消費、多久會來一次。

二、探尋遊客的特性與餐飲需求 (陳玉如，2002)

(一) 目標客戶群是誰

1.是本國遊客還是外國遊客。

2.是散客還是團體、他們是怎樣的年齡、社會背景……

(二) 什麼樣的飲食可以滿足目標客戶群

1.遊客什麼季節或期間會來、他們為什麼而來：

(1)主要目的是度假還是美食，例如：東港黑鮪魚季節以美食為主、阿里山賞櫻花季節以風景為主、清境農場以草原風光為主……

(2)什麼樣的季節適合搭配什麼樣的餐飲。

2.遊客的預期：來這裡最想吃什麼、什麼食材最吸引人。

(1)山珍、野味、海產、時令蔬果。

(2)有沒有特殊烹調方法搭配以成美食，如燉補類、野炊法、岩燒法……

(3)烹調時間的掌握是否能滿足遊客、如何做到皆大歡喜。

3.飲食之外需要什麼樣的服務、提供什麼樣的服務：

(1)什麼樣的烹調方法讓餐飲達到用餐者所期望的精緻度。

(2)什麼樣的用餐環境或情境以配合主題餐飲滿足目標客戶群。

(3)遊客期望什麼樣的服務水準來配合以達盡興。

三、研發特色餐的方法與技巧

（一）用新奇的原料製作食品

1. 運用新鮮食材，少用加工食品。
2. 越接近原始狀態的食物越能提供健康美味與養生效果。
3. 避免過度烹調以保存食材原味甘甜。
4. 配合季節調整，達到「色、香、味」俱全。

（二）用新奇的方法製作與表現食品

1. 一物多用：蓮子大餐、梅子餐、茶餐，用不同方式烹調以產生不同的效果。
2. 常物巧用：運用恰到好處時就可化平凡為神奇，例如：運用當地盛產之竹筍、香菇、金針佐以特殊方式烹調即可成為佳餚。
3. 剩物利用：例如：鍋巴，本是鐵鍋煮飯時火大了出現的焦飯，善於運用下產生許多名菜，如鍋巴三鮮。

（三）善於運用「味外之美」

⊞ 美食配以美名

給菜餚美的名稱，讓人產生的期待與感受，例如「翠玉白板」、「飛龍在天」、「螞蟻上樹」。事實上，多以普通廉價的材料入菜，借用典雅的辭藻做包裝，或加以盤飾美化，提高其有形與無形的質感和價值，令人不察其材料低廉的作法。

⊞ 材料特色相吻合

例如內灣的「野薑花粽」、基隆的「紅燒鰻魚」，從菜名就清楚呈現出其內涵和食材，一目瞭然，最為容易理解，但也因缺乏神秘感和吸引力，不喜歡的遊客，就不會嚐試看看。

⊞ 人文背景費猜疑

例如宜蘭「糟餅」和天送埤「卜肉」。糟餅是吳沙進入噶瑪蘭開墾時期的重要乾糧，符合高熱量、高油脂、易保存的時代需求特性。卜肉，則是日本殖民台灣砍伐太平山檜木的見證。一邊在當地享用該樣特產，一邊聆聽美餚的由來典故，會特別動人心扉，甜美回味不已。

⊞ 功能口感樣樣全

例如「淡水阿婆鐵蛋」、「苗栗拔絲地瓜」，名稱同時表現出材料和食用的特色，讓人充分明白，其特別的進食口感，不同於一般的吃法。

⊞ 美食不如美器

美食與美器在飲食上是相輔相成的，一桌美食加上恰如其分的餐具，能使進餐者得到完美的感受。

⊞ 創造飲食趣味

製作佳餚時，經過巧妙設計，賦予菜餚詩情畫意，以增添飲食趣味。

⊞ 製造飲食氣氛

飲食氣氛是多數人在飲食生活中所追求的，以滿足進餐時的心理需要，例如自然氣氛、鄉土氣氛、新奇氣氛。

四、研發特色風味餐飲應注意事項

1. 口味大眾化：以讓絕大多數消費者、各年齡階層都能接受為主。

2. 選取當地盛產食材：強調生產時節時令，保有原有風味。

3. 選配適當搭配材料：切忌過多調味料而失去主食材原味。

4. 烹飪過程專業化、簡單化：可降低成本、節省人力，菜餚品質才能一致。

5. 給菜餚一個好名稱：名稱具鄉土性、文藝性、故事性、易

上口、好記憶等特色，便於口碑流傳。

五、成功的鄉土美食特色餐飲應具備之要件

1.反映地方文化特性。

2.符合當地材料特質。

3.色香味俱全。

4.別人很難模仿。

5.要有經濟與成本概念。

6.傾聽並分析遊客需求，加以修正改進。

第 9 章
民宿之活動服務

民宿與一般旅館經營最大不同即是民宿主人與住宿旅客間的互動交流，其中又以透過帶領住客導覽解說民宿在地周邊自然、人文與生態環境資源，及規劃設計農林漁牧生產、生活、生態之體驗活動，最能獲得住宿者青睞，並在住宿旅客心中留下深刻印象，成為再宿及推薦親友的關鍵因素。

民宿經營者透過活動設計規劃一個結合當地農林漁牧生產與社區生活方式，又能保存生態環境與文化傳承的體驗，使民宿經營結合體驗活動，活潑、生動又有趣。並針對當地資源，培養自身解說技巧，融合成長過程的心路歷程，以說故事的方式，使住客透過深度解說，親身體驗，達到「融入式活動」，使民宿之住宿體驗，快樂、多樣又有教育性。

第 1 節　民宿體驗活動內容、類型與設計

民宿體驗活動應以周邊資源特性，設計具有特色之活動內容，同時應秉持不改變原有生產型態、不改變原有生活習慣、不破壞生態環境及不違背善良風俗「四不」之原則進行規劃設計。

一、民宿體驗活動內容

民宿體驗活動之規劃設計必須結合社區人文，利用農業的田園景觀與自然生態環境資，提供遊客體驗，學習農、林、漁、牧之「生產休閒活動」、「生活休閒活動」、「生態休閒活動」簡要歸納舉例如下（陳墀吉，2003）

（一）生產休閒體驗活動

包括農業、林業、漁業、牧業等四項生產活動之參與。

1.農業作物：育苗、栽培、管理、收成，以及加工、觀賞、食用。

2.林業作業：育苗、栽植、撫育、砍伐，以及加工、觀賞、食用。

3.漁業水產：育苗、放養、管理、網釣採收，以及加工、觀賞、食用。

4.畜牧動物：育種、飼養、管理，以及加工、飼寵、食用等等。

（二）生態體驗活動

包括農業、林業、漁業、牧業生產活動與生活活動的環境與景觀。

1.自然環境：諸如地形、地質、土壤、水文、氣候、動物、植物等等。

2.人造環境：諸如溫室、苗圃、箱網、育房等等。

3.天然景觀：諸如河流、海洋、森林、草原、沙漠、洞穴等等。

4.人文景觀：諸如建築、古蹟、民俗、藝術、宗教、歷史、文物等等。

（三）生活體驗活動

包括日常生活的生產、休閒、飲食活動，以及特殊節日的宗教、慶典活動。

1.生產活動：諸如種蔬菜、探竹筍、摘水果、養家畜、擠牛奶、採蓮子等等。

2.休閒活動：諸如到河裡釣魚、捉蝦、摸蛤，田裡烤地瓜、捉泥鰍，夜裡看星星、螢火蟲等等。

3.慶典活動：諸如放天燈、放蜂炮、殺豬公、燒王船、搶孤、
迎神會、建醮等等。

4.飲食活動：諸如印紅龜、搓湯圓、做芋圓、搗麻糬等等。

二、休閒產業常見體驗活動類型 (陳昭郎，2000)

(一) 農業體驗活動

　　農耕作業（鬆土、播種、育苗、施肥、除草）、親自駕馭農耕
機具（收割機、牛車、耕耘機、中耕機、插秧機等）、採茶、挖竹
筍、拔花生、剝玉米、採水果、放牧、擠牛奶、捕魚蝦、農產品加
工、農產品分類包裝等。

(二) 自然景觀眺望

　　日出、夜景、浮雲、雨霧、彩虹、山川、河流、瀑布、池塘、
水田倒影、梯田、茶園、油菜田、草原、竹林、煙樓、農莊聚落、
海浪、湖泊、磯岩、海灣、鹽田、漁船、舢板等。

(三) 野味品嚐活動

　　築土窯烤地瓜、烤土雞、野味烹調、藥用植物炒食、品茶、野
乳試飲、地方特產品賞、鮮果採食等。

(四) 社區導覽活動

　　鄉土歷史探索、人文古蹟查訪、自然生態認識、農村生活體
驗、田野健行、手工藝品製作、森林浴等。

(五) 民俗文化活動

　　寺廟迎神賽會、豐年祭、捕魚祭、車鼓陣、牛犁陣、花鼓陣、
舞龍舞獅、皮影戲、歌仔戲、布袋戲、南管北調、划龍舟、山歌對

唱、說古書、雕刻、繪畫、泥塑等。

（六）童玩活動

玩陀螺、竹蜻蜓、捏麵人、玩大車輪、打水槍、打水井、推石磨、踩水車、坐牛車、灌蟋蟀、捉泥鰍、垂釣、釣青蛙、撈魚蝦、踢鐵罐、扮家家酒、騎馬打仗、跳房子、放風箏、踩高蹺、玩泥巴等。

（七）森林遊樂

提供遊客體驗森林浴、體能訓練、生態環境教育、賞鳥、知性之旅及住宿等活動。

（八）產業文化活動

提供遊客體驗農業之產、製、貯、銷及利用之全部或部分過程，例如白河的蓮花節、玉井的芒果節、新埔的柿餅節、三星的蔥蒜節，以及水里和信義的賞梅之旅等等系列活動，都是產業文化活動之代表。

三、民宿體驗活動設計

民宿體驗活動安排上可依活動區位（如：生產區、體驗區、加工區、休憩區）或季節、地方節慶等來加以設計組合。例如以蓮花為主之活動可有下列數項：

1. 蓮花風光活動：觀賞蓮花田園，遠眺周遭景觀。
2. 蓮花生態教學活動：藉由解說員或解說設施了解蓮花種類、蓮花生長及栽培管理情形。
3. 採蓮體驗活動：藉由專業人士之指導，親身體驗採蓮之樂趣。

4. 蓮花產品加工活動：在蓮花產品加工區，可做體驗產品加工、參觀製作過程、機具及製作方法之介紹，或親自參與製作。

5. 蓮花美食料理活動：此外，在蓮花美食養生料理推廣上，可結合社區烹飪班解說及料理。

6. 蓮花文化典故活動：透過展示及解說過程使遊客了解蓮花之典故文化與蓮花產品之種類、功效與使用方法，促進衍生性產品商機。

第2節　民宿體驗活動與套裝遊程之規劃

體驗活動之安排是為延長遊客停留時間，增進地方產業銷售機會與加深認識在地文化習俗，除可豐富民宿經營內涵，亦是發揮各家民宿創意與特色之所在，本節針對體驗活動遊程規劃原則和方法整理如下（李明儒，2000）：

1. 以當地的特有景觀與活動為主要景點，搭配周邊的風景遊憩區，設計半日遊、一日遊、二日遊及三日遊等行程。

2. 以農村民宿為主要的停留設施，安排周邊風景遊憩區為觀光賞景之據點，增加遊客體驗鄉間的機會，並增加農民的收益。

3. 安排遊客參觀農特產品的生產、加工與烹飪，進而刺激遊客於當地直接消費。

4. 三餐儘可能安排農村的風味餐或當地美食，加深遊客的體驗，提高重遊機率。

5. 於特別節令或文化活動期間，安排深入體驗的主題行程，使遊客有不虛此行的感受。

6.農村與農場之間進行特色的區隔，提供多樣性的休閒活動，增加遊客停留的時間。

7.以自家民宿為旅遊之起點，環繞景點後又回歸於民宿，增加民宿的使用率，加強體驗深度。

8.事先調查旅遊資源能停留的時間，推估路程耗時，設計多種套裝旅程供遊客選擇，採半自助方式旅遊。

9.配合解說與導覽的服務與設施，或印製小型自導式手冊，以增加遊客尋寶探密的樂趣。

10.設計主題式遊程，增加遊客旅遊收穫，並且避免蜻蜓點水式的遊程規劃，以免遊客產生走馬看花的慨嘆。

第3節　民宿體驗活動案例

設計出吸引人的體驗活動，已成為民宿經營的重要條件，獨特又吸引人的體驗活動，是民宿經營者必須追求的目標。為了能進一步讓大家了解民宿體驗活動之規劃，特別以目前台灣經營較具特色之民宿活動案例介紹如下：

一、宜蘭大同鄉的逢春園

整個環境感受起來有濃厚歐式度假的氣氛，可以赤腳漫步於如茵的草地上，也可以在觀星台看見滿天的星星、聆聽蟲鳴鳥叫。主人亦設計了一處可以自己動手的廚房，讓客人體驗自己做菜的樂趣，才子佳人可以在書房揮毫，在咖啡屋中彈鋼琴、欣賞男主人的畫作，很自然地融入主人生活，體驗與自然很近的鄉居生活，自由、自在、無拘束地享受逢春園。

二、宜蘭羅東的北成庄

規劃了「荷花有機體驗農場」，也安排了捉泥鰍、焢土窯等活動，讓人重拾兒時的歡樂時光。而美麗的生態荷花池，除了觀賞外，秋季時是體驗挖蓮藕的好季節，也是北成庄最吸引人的活動體驗。而典雅的農家茶館，可品嚐各式的有機餐和香中帶甜的私房荷花茶。荷花開的時候可以體驗荷花的樂趣，結蓮子時更可體驗剝蓮子和採蓮子的喜悅。

三、宜蘭員山鄉的庄腳所在

在偌大的農園中學習認識各樣的果樹，彩繪石頭，還可以品嚐自己動手做的員山小吃魚丸湯。晚上放天燈祈福後，還能享受檜木桶香茅泡澡的高級享受，品嚐現摘的各種水果，學習製作童玩、田園烤肉、焢窯、摸蛤蜊、捉泥鰍，讓你一次玩個夠，充分讓大人和小孩體驗田園的樂趣。

四、台北縣瑞芳金瓜石的雲山水

因位於金仔山，淘金成為最具代表性的體驗活動，經由淘金體驗而對黃金山有更深入的認識。另外還能在夜裡提著燈籠，夜遊美麗的金瓜石山城、分享品茶的喜悅。到菜園中學種菜，體驗種菜的樂趣，在山藥採收的季節，挖山藥的活動更能感受一種豐收的喜悅，什麼都不做的時候更能感受山居歲月的寧靜和閒適。

五、台北縣烏來的沙力達

融入濃濃的泰雅族生活文化風情。品嚐原味的泰雅風味餐和小米酒，參加營火晚會後，還可以到野溪去泡溫泉，運氣好的時候可以自己動手搗麻糬，品嚐最新鮮的原住民麻糬，更特別的是可以上山體驗打獵的趣味，打飛鼠、獵山豬，雖不是真的，卻很有意思。

六、新竹竹東的鄉村客棧

讓人感受回歸自然的原味生活。可以到溪邊戲水捉溪蝦，也可以享受寧靜，自己動手煮一杯好喝的咖啡。尤其四、五月份螢火蟲的季節，更能體驗撲流螢的感覺，屋旁李子樹成熟的季節，還能吃到現摘的紅肉李。

七、桃園復興鄉的福緣山莊

屋前溪谷是喜愛戲水者的天堂，夜晚在沒有燈光的山谷中，滿天星星讓您數不完。因爲有好吃的水蜜桃，到果園採水蜜桃已成爲拉拉山最重要的體驗。

八、新竹北埔的大隘山莊

特別爲來訪者安排自然彩繪的活動，另外還可以騎單車遊峨眉湖，更愛玩的人還可以參加溯溪活動。品嚐北埔的東方美人茶，更可以自己動手做擂茶，在獨具風格的山莊，享受清風明月，還可以在夜裡拿著火把去夜遊。

九、苗栗南庄的栗田庄

是一處自然生態豐富的好地方，水池中的綠頭鴨是小孩們的最愛。主人會特別安排現場演奏，希望大家感受栗田庄溫馨而美好的氣息。而藝術品的呈現是分享主人對藝術的熱愛，感覺和藝術很近的生活。

十、南投水里老五民宿茶館

最特別的體驗是可以自己烘焙茶葉，做出屬於自己獨一無二的炭焙烏龍茶。主人會安排認識可愛的動物、植物，體驗農作樂趣，燜燒雞、烤地瓜、溪中捉蝦，到陳有蘭溪探尋奇木和美石，用梅樹

枝做鉛筆，香菇園採香菇、認識香菇，還可以到葡萄園採「黑珍珠葡萄」，另外還可以學習製作葡萄酒，一連串好玩又新奇的體驗，讓人來了還想再來。

十一、南投清境農場旁的五里坡民宿

因為主人是玉石專家，所以特別設計自己動手磨玉石的體驗，而成為很多人一生中難忘的回憶。磨好的玉石再經主人的修飾而成為主人和遊客共同完成的珍貴作品，非常具紀念價值。享受清境的好山好水之餘，更留下深刻又永恆的記憶，帶走自己做的玉石，更畫下美好的句點。

十二、台南白河阿嬤ㄟㄉㄠ

在蓮花的故鄉，騎著單車享受田園風光。主人特別安排體驗賞蓮花的特別活動，分享一朵朵蓮花綻放的喜悅。掘蓮藕是最有趣的體驗，更可以享用蓮子大餐、到田裡抓青蛙、焢窯。在蓮花盛開的季節，騎單車悠遊於荷田間是一種極美的回憶。

十三、台南官田的鄉村故事旅棧

因不同的季節，有著不同的活動體驗，三月採情人果、五月抓蟋蟀、十月採菱角都是都會中難得的經驗。中秋後的大白柚，更是讓人難忘，採紅菱則是官田好玩的體驗。

十四、南投信義鄉的雙龍民宿

這裡強調的是布農族的原味。體驗布農的生活、學布農的話、驚險的溯溪活動、烤乳豬，參觀織布坊的傳統編織、木雕工藝和聆聽珍貴的布農八部合音，體驗很布農的生活。

十五、台東卑南的太平生態農場

是主人一手建立的生態園區，不但可以深入認識蛙類和螢火蟲的生態，還可以發現獨角仙、各種蝴蝶和特別之鳥類，是體驗自然生態的最佳去處，白天是藍天白雲，晚上則是美麗的台東夜景伴隨著星光點點。

十六、台東池上的玉蟾園

是一處具台灣味的懷舊古厝，陶藝創作是玉蟾園最具特色的體驗活動，主人安排讓大家一起動手學作陶作畫，很多人在此創造了這一輩子的第一件陶藝作品。另外騎車遊池上看古早磚窯、池上斷層和碾米廠等景點，都是很難忘的鄉村記憶，尤其是冬季油菜花開的時候，總是吸引很多人參訪，體驗在油菜花田中的美麗記憶。

民宿的體驗活動總是令人難忘，親身參與活動的樂趣，只有自己才有深刻的感受。因為體驗而和主人產生良好的互動，也許是認識了當地的歷史，也許是深入當地的產業，也許是認識了特別的自然生態，其實都是生命中難得的際遇。互動其實是度假旅遊中很重要的一種觀念。而體驗是最具體的做法，充分運用在地資源，適當地將許多過程轉化成適合體驗的事物，便能成為有價值的體驗活動，而民宿的體驗活動最好是小而美、具特色，又不容易被替代，更重要的是要能推陳出新，用創意設計更具魅力的體驗活動，吸引愛好鄉村生活的朋友共襄盛舉。

第4節　民宿套裝遊程案例

民宿活動遊程之提供，對吸引遊客與營運非常重要，特別是具有地方特色之套裝遊程，不但是民宿重要之收入來源，也是遊客滯

留與重遊的重要因素，本節介紹幾家國內較知名之民宿套裝遊程，包括台北縣金瓜石雲山水民宿、台北縣平溪明通雅舍、宜蘭縣庄腳所在休閒農場、宜蘭縣神風居民宿、台東縣好運道民宿與台南縣阿嬤ㄟㄉㄠ套裝遊程。

一、台北縣金瓜石雲山水民宿套裝遊程規劃

第一天行程	
18:30	雲山水晚餐
20:00-21:00	提燈籠夜遊
21:00-21:30	芋圓點心
21:30-22:30	品茗話家常
22:30-	好夢正甜……築夢去
第二天行程	
08:00-09:00	清粥小菜
09:00-12:00	金瓜石知性之旅
	（一）景明亭－勸濟堂－金瓜石老街－太子賓館－黃金神社等等
	（二）黃金瀑布－廢煙道－舊礦場－坑道探險－長仁亭等等

二、台北縣平溪明通雅舍套裝遊程規劃

一日遊（行程A）
參觀菁桐日式木造火車站－石底煤礦風采－煤礦遺址－太子賓館－北海宿舍－日式建築－回到溫暖的家
一日遊（行程B）
十分老街巡禮－十分風景管理所－台灣煤礦博物館－靜安吊橋－眼鏡洞瀑布－四廣潭－回到溫暖的家
二日遊
第一天
報到處（平溪站－明通雅舍）－遊覽平溪老街風光－古早雜貨店－舊式老郵筒－中餐－參觀菁桐日式木造火車站－石底煤礦風采－煤礦遺址－太子

賓館—北海宿舍—日式建築—於平溪用餐享受山珍海味晚餐（平溪特有的綠箭筍、不受污染的溪蝦、溪魚、只有夏天才有的綠竹筍、都市吃不到的野菜等）—祈福天燈製作、彩繪（四人一組）—夜探平溪城—數羊時間	
第二天	
孝子山早晨森林浴—慈母峰—普陀山登頂—早餐—平溪支線鐵路風光沿途導覽—牛軛地形—嶺腳瀑布—滴水觀音—基隆河上游壺穴地形—中餐—望古體驗農業（季節性蔬菜）—採集箭筍、野菜—十分老街巡禮—台灣煤礦博物館—靜安吊橋—眼鏡洞瀑布—四廣潭—於十分老街享用晚餐—返回民通雅舍集合—回到溫暖的家	

三、宜蘭縣庄腳所在休閒農場套裝遊程規劃

發呆式套裝二日遊	
第一天	
15:00	進房及認識環境
16:00	體驗生活——鋸柴、劈柴、焢窯
17:00	水果的由來——百果樹專人解說
18:30	庄腳風味晚餐（或 Bar B.Q.）
20:00	真情流露——咖啡、泡茶時間（DIY）
22:30	夢周公——感受甜蜜的夜晚（全園熄燈）
第二天	
自由行	自然旋律——鳥兒 morning call
	登山眺望蘭陽第一美景——龜山朝日
7:30	鴨子芭蕾舞——養雞、鴨、鵝、魚時間
8:00	鄉村美味——早餐
9:00	輕鬆活動——葉拓或自行車追風巡禮、戲水
9:00-11:00	發呆時間
11:00	賦歸道再見，後會有約
請要趕上列車哦！夏季多帶一套衣服！	
發呆式一日遊（四人成行）	
9:00	報到時間
9:00	體驗生活——鋸柴、劈柴、焢窯
10:00	水果的由來——百果樹專人解說
11:00	輕鬆活動——葉拓或自行車追風巡禮、戲水

12:00	庄腳風味午餐
13:00	真情流露——咖啡、泡茶時間（DIY）
13:00-15:00	發呆時間
15:00	賦歸道再見，後會有期
請要趕上列車哦！夏季多帶一套衣服！	

四、宜蘭縣神風居民宿套裝遊程規劃

第一天	
13:00	宜蘭酒廠
14:30	蜂采館
15:30	可達羊場——餵羊吃草抱小羊
16:30	尚德社區——摸蜆仔兼洗褲
17:30	Check in 神風居
18:00	果園 BBQ 燭光晚餐
20:00	枕頭山上賞夜景，看螢火蟲
22:00	聽蛙鳴蟲叫進入甜甜夢鄉
第二天	
06:30	仙蹤林散步道——沐浴芬多精
08:00	中式早餐——阿嬤的味道
09:00	員山花卉——拈花惹草
10:00	玉蘭花園——全台獨一無二怪異玉蘭花樹
11:00	橘之鄉——蜜餞的故鄉
12:00	珍重再見，莎喲哪哪

五、台東縣好運道民宿套裝遊程規劃

青山綠水一日遊：山之旅行程	
A 行程	好運道民宿－池上牧場－關山 12 公里單車之旅（沿途可欣賞典型鄉村景觀）－鹿野高台茶園－初鹿牧場－布農部落－紅葉溫泉
B 行程	好運道民宿－太麻里金針山（每年 9 月份左右為最佳觀賞月份）
青山綠水一日遊：海之旅行程	

A 行程	好運道民宿—水往上流—東河橋、泰源幽谷—三仙台—石雨傘—八仙洞
縱情山水半日遊：山之旅行程	
A 行程	好運道民宿—卑南文化公園—初鹿牧場—布農部落—鹿野高台茶園
B 行程	好運道民宿—關山親水公園及環鎮單車車道 12 公里

六、台南縣阿嬤ㄟㄉㄠ民宿套裝遊程規劃

7-8 月份活動行程表	
第一天	
16:30	伴夕陽·騎鐵馬·遊蓮鄉
18:00	享用豐盛家常菜
19:00	庭院觀賞睡蓮開花美姿
20:30	誠心祈福放天燈
22:00	晚安，進入夢鄉！
第二天	
06:30	早起迎接日出
07:00	騎鐵馬賞蓮行程
08:00	享用豐盛營養早餐
08:40	吸取養顏美容蓮花露
09:00	自由活動，珍重再見！

第5節　民宿活動之解說導覽

解說導覽工作為民宿有別於旅館之服務，透過解說導覽拉近主人與遊客之距離，加深遊客對體驗活動參與意願，及認識環境資源與當地歷史人文，但在規劃解說題材與學習解說技巧，仍應考量適度時間、善用輔助工具與自我培訓。

一、解說的重要性

在優秀解說人員的引導下，遊客可同時得到（看、聽、觸、聞、嚐）的實物解說經驗，並可藉著與解說人員的雙向溝通，提升個人在環境中的觀察與欣賞能力。此外，解說可利用不同的媒介，在最適當的時機引導遊客去感受環境的多變性與自然之美，並可讓遊客留下知性與感性的體驗。其重要性概述如下：

（一）解說對遊客的影響

1.解說對於充實遊客的體驗有直接的貢獻。
2.解說可以使遊客在利用自然環境時，作出明智的選擇。
3.解說可以使遊客了解到人類在生物界中所扮演的角色，進而尊敬自然。
4.解說可以增廣遊客的見聞，對於資源有更進一步的認識。

（二）解說對環境的影響

1.解說可以減少環境遭受不必要的破壞。
2.解說可以將遊客由較脆弱的生態環境中轉移至承載力較強的區域。
3.解說可以喚起民眾對於自然的關心，有效地保護歷史遺跡或自然環境。
4.解說能促使大眾以合理的方式採取行動保護環境。

（三）解說對經營者或當地的影響

1.解說是改善公共形象和建立大眾支持的一種方式。
2.解說可喚起當地民眾對自然或文化遺產引以為榮的自尊與感受。
3.解說可以促進觀光資源的利用，提升當地的知名度，增加經

濟效益。

二、解說服務與民宿之間的關係

（一）解說是賦予環境生命力和影響力的活動

解說是賦予環境生命力和影響力的活動，透過解說讓環境與人類之間得以溝通，甚至得到感動。因此解說可以說是遊程計畫裡的靈魂，讓整個遊程充滿新奇和生命力。

（二）解說可以增加遊客住宿的意願

民宿是提供住宿的服務，而遊客願意在當地住宿必然是因為當地的環境或人文仍有值得逗留的必要，也會樂意繼續探索或培養親子之間的感情、增加人文和自然的知識等等；因此，要吸引遊客的興趣和提供環境與人的互動機會，就要依賴當地人員的解說來親近自然。

因此透過解說讓遊客願意繼續使用民宿，也相對的熱絡了當地經濟產業的活動。

三、民宿解說服務之基本概念

1.遊客服務。

2.互動式的知性活動。

3.遊客與環境之間的溝通

4.對於環境的經營管理的方式之一。

5.提供資訊、引導、教育、遊樂、宣傳、靈感、表演、活動等的綜合。

四、民宿解說導覽題材設計思維

1. 我的民宿有何特色，環境、建築、裝飾、餐飲、服務各方面有沒有值得提及的地方。
2. 周邊的環境有哪些值得成為解說的題材。
3. 我對住宿者和遊客的背景資料了解多少，我要提供怎樣的解說服務。
4. 我如何安排遊程，解說時間的控制。
5. 我的解說內容是否可以得到認同。

五、解說類型與民宿解說人員基本素養

一般解說媒體分成兩大類，即人員解說及非人員解說：

（一）人員解說

即利用解說人員直接向遊客解說有關的各種資源資訊，通常又可分為資訊服務、活動引導解說、解說講演及生活劇場解說四種。

（二）非人員解說

非人員解說是利用各種器材或設施去對遊客說明，又可分為視聽器材、解說牌、解說出版品、自導式步道、網頁及展示等六種。

（三）民宿解說人員基本素養

1. 熟悉農村之生產作業。
2. 熟悉農民之生活方式。
3. 熟悉農業資源、環境、生態之特性。
4. 遊客之心理行為與意外安全之處理。
5. 帶領活動技巧。

6.導覽解說之技巧。

7.遊客心理行為特性之了解。

8.說話藝術的培養。

9.服務儀容、服務態度、協調溝通能力之表現。

10.經常不斷自我進修，參與講習、觀摩活動。

六、戶外解說的技巧（胡安慶，2001）

（一）善用感官

解說技巧上有時是無聲勝有聲，進行戶外解說時讓遊客多使用感官去體味周遭的環境，常有意想不到的收穫。

（二）要有彈性，需隨時變通

進行戶外解說時常常會有一些驚奇與意外，解說員隨時隨地都要有應變的能力。

（三）解說禮儀

1.服裝、儀容保持整齊清潔，甚至有特色。

2.語調和緩，態度謙虛，禮以待人。

3.有熱心及熱誠的服務態度，平易近人。

4.說話清晰明亮且簡單扼要，最好有擴音器協助。

5.關心遊客需求。

6.接受新觀念、新知識，終身學習。

7.不斷自我檢討，不恥下問求進步。

8.以身作則，對人無差別待遇。

（四）戶外解說出發前的工作

1.主題說明。

2.時間、距離、地點、難度及沿途過程。

3.攜帶物品。

4.安全事項。

5.特殊情況及景觀。

6.尋求左右手協助。

7.鼓勵遊客發問。

8.約法三章。

（五）活動進行中

1.專業知識之引導。

2.控制時間，維持隊伍集中。

3.利用休息時間控制隊伍集中。

4.鼓勵發言及討論。

5.口齒清晰、幽默、謙虛、熱誠且誠懇。

6.勿顯現萬事通的樣子，謙虛是美德。

7.注意遊客安全。

8.一地不要停留太久，以免遊客煩躁。

（六）活動快結束時

1.集合，扼要說明此一主題之解說目的。

2.宣布解散前處理垃圾。

3.宣布事項宜簡短，道聲再見。

七、設計戶外解說應注意事項

（一）擬訂解說目標

　　任何一次戶外解說，都可能有不同的際遇，故在每次進行戶外解說之前，都必須要有一份完整的解說計畫，擬訂自己的解說目

標，才不至於言不及意。

(二) 解說地點

　　戶外解說之前，可以依據遊客特性以及解說人員本身的專長，來決定解說路線和目的地。如果是引導遊客進行一次植物知性解說，在地點的選擇上，即應於植物園、鄉野或公園內，而不應選在硬繃繃的水泥路面上，掌握了這項解說原則之後，則不管在社區內的小公園、人行步道、森林或自然保護區內，只要是在戶外，即是極佳的場所。

(三) 路線探查

　　一般而言，戶外解說常常會有一定的路線，不過在加入解說行列之初，解說路線的勘查是不可忽視的，或許，勘查並非一次或兩次即能達到所預期的理想，不過，在勘查的過程中，可以藉由一些輔助工具的記錄，增加記憶，將行前必須考慮的細節詳實記錄，避免解說過程中發生不必要的意外。

(四) 人數控制

　　多方的考慮，能使解說活動避免因突發狀況而發生手足無措的窘境，有時，在遊客人數過多時，應考量協調伙伴的支援。

(五) 導覽方式之設計

　　1.傳統的演講式導覽。
　　2.雙向溝通式之導覽：
　　　(1)事先設計問題，適時融入解說中。
　　　(2)運用技巧控制討論的方向。
　　　(3)具備豐富專業知識、廣博的常識及靈活的導覽技巧。

（六）動線安排及定位

1.考量「無障礙的空間」動線，尤應注意遊客之安全。
2.配合時間及生態景點，事前模擬，切實掌握動線之安全。
3.參觀隊形之安排得視觀眾人數多寡與生態景點之距離關係適時調整。
4.隊伍太長、生態景點太多或時間較長之導覽，可選定特定生態景點作彈性駐留。

（七）解說後考評

1.遊客考評。
2.同仁考評。
3.自我考評。

（八）解說員的自我充實

1.解說環境的親身體驗。
2.多觀摩解說活動、小組討論、經驗分享。
3.閱讀新知。
4.多參加研習會與社區活動。
5.多了解人與自然的關係。
6.多吸收農、林、漁、牧休閒產業相關資訊。

第 10 章

民宿之安全管理

安全問題是民宿最不能忽視的一環。因為民宿既以其設施提供旅客住宿（睡眠）、開會、用餐和娛樂，就必須讓遊客有安全的保障，而另一方面民宿業者也要給予工作人員無虞的工作環境和訓練其安全意識，保障自己的工作安全。所以民宿的安全是同時牽涉到民宿客房本身及顧客的兩個面向。

第1節 民宿安全規則之建立

民宿必須建立一套周全的安全規則，以便讓工作人員和遊客免於恐懼，民宿業者的財務也從而獲得保障。以下將詳述民宿客房安全管理的特點與規則之建立。

一、民宿客房安全管理的特點

安全管理是一項繁複、持久且專業性很強的工作，沒有安全，一切服務和生產也就無從談起。安全管理的特點如下：

（一）不安全因素較多

民宿的建物大多以木料居多，設備與結構複雜，用火、用電、用油、用氣量均不同於原先住家使用量，易燃易爆危險品相對增多，遊客人來人往，潛在不安全因素相對提高。

（二）安全管理責任大

民宿業者對保障住房客人生命財產具有義不容辭的責任。客人住宿期間發生意外事故，不僅使客人招致損失，更重要的是業者本身身家亦受影響，甚至於要負法律上的責任，對民宿業者的經濟損失是難以估量的。所以民宿必須加強各項防範措施，對於安全要有非常高的警覺。

（三）服務人員要具安全意識

服務人員重視本身的安全衛生條件外，對安全管理如防火、防盜、防爆等公共安全事件須具備高度安全意識。由於客人居住的時間短、流動性高，隨時都有任何突發事件，工作人員必須提高警覺性，維護公共安全。

二、建立各項安全規則

各項安全規則的建立有助於消除任何不安全因素，提高服務水準。

（一）住宿登記的證件查驗

凡是進住民宿的客人，在遷入登記時須持本人有效身分證（外國人須持護照或居留證），由接待人員確實核對，才引導入客房。

（二）對來訪人員進行登錄

為維護民宿內秩序，保障旅客的安全，須對訪客進行詢問與登記工作。

（三）加強追蹤檢查客房

凡客人外出或退房，必須由工作人員做追蹤檢查。

1.房間設備、物品是否有損壞或遺失。

2.垃圾桶內是否有危險物品或易燃物。

3.是否有未熄香煙及其他異常狀況。

4.記錄客人外出時間及工作人員查房時間。

（四）建立巡樓檢查規則

民宿在經濟許可下，亦可裝設電子監視系統，對各重要角落進行監視外，工作人員在巡房時，亦須注意檢查下列項目：

1.各樓層是否有閒雜人物。
2.是否有煙火隱患，消防器材是否正常。
3.門窗是否已上鎖或損壞。
4.客房內是否有異常聲響及其他情況。
5.是否有設備、設施損壞情況及是否整潔。

（五）治安事件報案規則

遇有行兇暴力、搶劫事件、鬥毆事件、發現爆裂物或發生爆炸事件、突發性事件時，立刻通知治安機關報案，並做好記錄（案發地點、時間、過程）。控制人員封鎖現場，提供治安人員任何可能的線索。

（六）火警、火災的預警

定期檢查火警受信總機及消防系統，以便一旦狀況發生能隨時發出警告並採取緊急應變措施。民宿也應定期參加消防講習與消防演練。

（七）遺留物品的處理

凡在民宿範圍內拾獲的一切無主物品均視為遺留物品。任何人拾獲，須馬上登記拾獲人姓名、日期、時間、地點及品名等，統一登記造冊與存放，私存遺留物品會被以竊盜行為處理。

（八）做好交接班工作

各當班人員必須有交接簿（表），當班人員須認真詳細地填寫好各項交班事項，簽上自己姓名，交接班以書表形諸文字為準，必要時也可用口頭表達清楚。

（九）財物保管規則

貴重物品的保管，一般由會計出納員負責處理，旅行團費用較大，領團人員如帶太多現金，會在團體進住時要求寄放，有些客房中均設有電子保險箱，供客人存放貴重品。貴重品的保管，無論在櫃檯或客房，可以有效遏止竊盜事件之發生。

（十）設備的檢查制度

落實對各項重型設備的定期及不定期檢查，如電力系統、鍋爐、冷氣系統的維修和安檢，尤其民宿有發電機，應定期測試，一旦遇有停電情況，發電機能夠馬上銜接供電，可以避免停電造成的恐慌。

（十一）留意住宿客人的房間狀況

房務部各級職人員必須注意下列房間內之狀況：

1.是否有槍械等凶器
2.是否有違禁及管制的藥品、毒品。
3.是否在客房內烹煮食物及使用耗電之電器用品。
4.房內是否有強烈異味。
5.房內是否有寵物。
6.客人是否生病。
7.房內是否有大量金錢及金飾珠寶。

第2節 鑰匙之點交、保管作業程序及注意事項

客房鑰匙雖是極小的東西，但保管不慎常會影響住客財物、安全及信賴感，除民宿主人外應指派專人負責，且依作業程序點交保管，客房鑰匙有傳統的機械鎖和電子鎖兩大類，管理的方式也不相同，分別說明如下：

一、機械鎖

1.指定一資深工作人員專責管理。
2.每天最好清點兩次鑰匙，一次在上午 10 時左右，一次在下午 4 時前後，皆須作成紀錄。
3.要求客房部工作人員不得將鑰匙隨便存放，均須交到固定存放區，如一樓大廳櫃檯。
4.發現鑰匙短缺須立即清查原因。
5.旅客自外歸來，向櫃檯索取房匙時，務必查對旅客身分。
6.房間鑰匙如果遺失，馬上請專業鎖匠換鎖芯。
7.若鎖之費用過高，可權衡兩間房鎖互換。

二、電子鎖（一般民宿都尚未使用）

電子鎖較機械鎖的安全性高，在發生異常或滋生問題後有資料可查，但若管理不善，同樣會生事端，每一環節皆須有專人管理，互相制衡，才能減少事故之發生。

1.製卡過程，須指定一資深工作人員辦理，不容許任何人都可能製卡。
2.每日檢查，定期以電腦查核，發生異常時配合追查原因。

3.指定一資深工作人員專責管理電腦資料，將電腦資料視爲機密。

4.旅客遺失卡片要求補發，除聲明須付費，並爲其更換密碼。

第3節 旅客異常及緊急突發狀況處理

做好周延預防工作，就能減少意外事件發生機率，平時除對民宿建築物內外及周邊環境進行檢視，排除或改善可能造成遊客受傷或發生意外設施等因素（如易滑路面、過長的樹枝……），對於社區、鄰居應建立守望相助聯繫機制，民宿主人應積極參與相關消防救援課程，提升自我簡易醫護與安全防護常識。

一、旅客之異常狀況

遊客如果投宿於民宿，有下列之異常情況或現象時，管理者需用心注意，必要時則需採取某些措施，來做事先預防或事後處理的工作，例如拒絕入住，或是需找個理由進入房內觀察，或是觀察記錄其行爲，或是強制性地介入，或是報警處理。因爲一般住宿於民宿者，大多是爲了休閒遊憩而來，不會長時間逗留於房內，不像旅館業，通常只是爲了過夜。旅客異常狀況如下：

1.登記住宿時不使用本人證件，通常可以拒絕入住。

2.早晚都掛牌不許打擾也不讓做床者。

3.進住後從未外出，三餐都在房內進食者。

4.經常不出房間，訪客卻川流不息者。

5.行李中有電源線或其他電氣設備者。

6.卸下房間電話電源線者，或攜帶傳眞機者（或手提電腦）。

7.年輕單身又無行李旅客，頻頻離房，不久又折返者。

8.在房間或浴室焚燒文件紙張者。

9.房間垃圾桶內及浴室馬桶水箱發現異常物品、文件，或是浴室腳踏墊下發現異物等。

二、房務工作人員的安全責任

民宿經營者或工作人員，負有遊客安全之責任，除非有特別狀況（如前述現象），否則不該有下列之行為：

1.工作人員非因公務不許進入旅客房間。

2.不可向外人洩露旅客房號。

3.不可媒介色情。

4.拾獲物品須呈報及記錄。

5.遇到緊急狀況如旅客受傷須呈報並協助處理。

三、夜勤工作人員注意事項

夜勤是一件非常辛苦的工作，但卻又是必要的，一般經營民宿者，受限於人力與編制之有限，更是艱辛，這是很多業者共同的問題，在經營實務上，通常民宿管理者常是最晚睡覺，除了陪遊客從事夜間休憩活動外，就是為了負起夜勤安全工作：

1.巡查房間、安全門、安全梯及注意未歸之住客和晚間來訪客人之進出情形。

2.對於防火、防盜等安全問題須特別注意，並應了解緊急措施。

3.發現可疑人物及影響房客安寧情況時，應即報告民宿主人處理。

4.對喝醉酒或生病之住客應加以特別保護，並防發生意外。

5.發現住客有神智喪失、精神萎靡、情緒激動者（女房客較多），應特別監護，並報告民宿主人，以防患於未然。

6.房客交待事項，如早晨喚醒、早餐服務等，除應登記於日記外，並應通知負責人員或民宿主人確認接辦。

7.夜勤人員如遇緊急事情，必須暫時離開崗位時，應經民宿主人允許臨時派人接替始可離開。

8.交班時需將夜勤動態，詳細交待清楚始可下班。

四、建立社區聯防及守望相助機制

為妥善處理突發緊急事件，結合社區巡守隊及臨近休閒產業經營者建立緊急事件處理小組及任務編組責任分工。一有突發狀況可立即依既定流程通報、聯絡、協調相關單位處理。

五、適時辦理災害防救應變演練

實施自衛消防編組訓練，以於災害時能迅速展開防災應變措施。自衛消防編組訓練包括：

1.通報訓練：藉由民宿內之電話或其他方式進行告知房客疏散及一一九通報訓練。

(1)發現火災或其他災害發生時，迅速通知人員避難逃生。

(2)向消防機關通報災情及發生災害詳實地點，並確認已通報。

2.滅火訓練：利用水桶、滅火器、室內消防栓進行滅火工作。

3.避難訓練：

(1)大聲指引避難方向，避免發生驚慌。

(2)打開緊急出口（安全門等）並確認之。

(3)移除妨礙避難之物品。

(4)操作避難器具，擔任避難引導。

(5)確認所有人員是否已避難。

六、設施維護、檢修及保養

設施之設置，民宿經營者應確依法令規定，作好維護、檢修及保養工作。如有必要，應當機立斷，暫停或封閉其一部或全部之使用。

七、設置簡易醫療設備

（一）急救訓練

由於急救及醫療的處理是由專業單位負責，為處理簡易臨時狀況，應設簡易的急救箱，對工作人員施以急救訓練，各縣市政府衛生局、急難救助協會、紅十字各地分會，都可協助辦理急救訓練班，另外發生意外時，管理單位亦要注意到事發時家屬的聯絡與照顧、法律事務的處理、新聞的發布和意外事故的檢討等。

（二）急救箱設備

消毒棉花、消毒紗布、敷料包、黏貼膠布、繃帶（2"及3"各一）、藥用酒精、溫和消毒劑如沙威隆、膠布、安全別針、剪刀、三角巾、即用即棄塑膠手套。

八、透過解說服務的安全防護管理

「解說服務」不僅是對遊客解說周邊景觀而已，也是民宿經營者與遊客溝通的橋樑，可告知遊客管理的策略及措施，以確保旅遊安全及資源保育，並滿足遊客的知性需求。遊客的反映及建議也可回傳至經營單位，進行安全防護管理。

第4節　民宿內部安全管理

　　民宿安全包括旅客住宿安全房務管理、員工安全及災害（火災、地震、火災）之防範。住宿安全管理已於第一節探討，本節僅就民宿員工安全與災害預防方面之注意事項分述之。

一、民宿員工安全方面

　　員工個人的危險行為（如房務做床時未注意舉重要領而致腰傷）、工作環境不安全（如照明不夠、廚房的地板未加防滑墊）及設備、工具的操作不當（如使用表層膠皮破損的電線）都是事故發生的主要原因。故應加強作業環境測定（如高溫、噪音、二氧化碳等）、健康檢查及管理（如定期勞工健康檢查）及勞工安全教育訓練（如新進員工訓練、設備操作須知），以杜絕職場意外的產生（林玥秀等，2000）。

二、民宿災害預防方面

（一）一般常見之起火原因

1. 煙蒂：員工顧客亂丟煙蒂，例如未熄滅前即丟入垃圾桶內或掉落到沙發縫隙中，或未遵守禁止煙火之規定，例如在床上抽煙而起。
2. 炊煮不慎：例如過熱油鍋引燃，抽油煙機油垢引燃。
3. 用電不當：使用不適當之電氣設備，例如電氣設備過熱，或因短路而產生火花，或因臨時接用電線負荷太大、接觸不良及電線破損劣化等情形。
4. 遺留火種：住客使用火柴、打火機時遺留餘燼，未被發現而

217

接觸可燃物引起火災。

5.縱火：因糾紛、報復等因素遭人縱火。

6.裝修中施工不慎：裝修中工人使用火器產生火花，引燃可
燃物質而起火。

7.其他：如受鄰近建築物波及。

（二）防止起火對策

1.客人出入管理：民宿住宿旅客之出入應予識別，防止不肖份
子潛入並伺機破壞。

2.退房後之檢查：客人退房後，檢查有無遺留煙蒂。

3.電氣器具之使用：應訂定使用程序及相關規定，使用完畢
應關閉電源。

4.用火管制：用火器具之使用應有固定場所，使用後須確認是
否完全熄滅，排煙管道定期清洗。

5.員工之編組訓練：民宿主人與員工依樓層、部門及工作內
容，分別編組，加強通報、初期滅火及避難引導之訓練。尤
其緊急廣播設備之使用、廣播內容必熟練。

（三）延燒防火對策

1.防火門管理；每日檢查防火門之開、閉鎖是否正常。

2.地毯、毛毯、窗簾及裝潢使用不燃材料。

3.空調及廚房煙道設置防火閘門，並定期維修清洗。

（四）避難對策

1.聞火警警鈴或緊急廣播，避難指導人員應速至固定地點，聽
候指示疏散房客。

2.撥內線電話或緊急電話查詢火災狀況。

3.盡力安撫房客。

4.引導房客至廣場、路口、安全島、空地等等，並清點工作人員及房客。

（五）消防防護計畫

應包含以下事項：

1.建築物概要、位置、構造、規模、用途等。
2.避難樓梯、設施之位置、防火區及安全區劃分之位置及構成。
3.避難層出入口、基地內之通路及外圍道路、廣場等相關位置。
4.所設置消防安全設備種類、配置、使用方法等。
5.避難路線圖及避難時間計算。
6.內部裝修必須使用不燃或耐燃材料。
7.員工編組訓練。

（六）防火安全診斷事項

1.嚴禁煙火地區有無明顯標示。
2.住客、訪客出入場所有無管理。
3.有無定期檢查消防安全設備。
4.夜間管理有無死角。
5.有無訂定火器使用管理規則。
6.有無設置吸煙區並落實管理。
7.民宿內部有無防火區劃。
8.裝潢是否使用防焰材料。
9.建物是否為防火構造。
10.新進人員有無辦理職前講習、有無定期辦理員工組訓及消防演習。

11.員工是否能正確使用消防安全設備。

12.避難通道是否保持暢通。

13.有無不同方向之安全梯可供客人避難。

14.日、夜間避難引導有無分別規劃。

15.避難器具有無專人維修管理。

16.消防安全設備是否符合法令規定，並由消防專業人員定期
　　檢查及申報。

17.樓梯出入口或走廊有無堆放雜物，阻礙逃生。

18.火災發生時能否由任何位置順利逃往避難地點。

19.餐廳或鍋爐之火氣使用有無妥善管理並指定專人檢查管
　　理。

20.電氣用品有無專人維修管理。

21.危險物品如易燃性藥劑有無專區存放及專人管理。

三、地震時之處理對策

1.感覺到地震時，應立即關掉火源及瓦斯。

2.不可匆忙往外跑（有玻璃掉落之危險）。

3.應由收音機、電視收集情報（避免使用電話占線）。

4.掌握人數，避難到安全場所（往事先指定安全收容地點避
　　難）。

第 11 章

民宿之人力管理

　　大部分民宿屬小規模自行經營，但民宿產業為多面向提供服務，經營上從客房管理、餐飲服務、旅客接待、解說導覽、行銷推廣，乃至社區組織活動參與，在在考驗著經營者的能力與人力，可謂麻雀雖小五臟俱全，在有限的人力資源下，更應規劃明確的分工，才不至於服務過程中手忙腳亂，且能發揮親切、友善、鄉土的民宿服務特質。

第1節　民宿組織與運作體制

　　民宿為新興之觀光服務產業，對於人力資源組織與運作體制，目前尚無制式之運作規範，大部分依主人經營方便性與個人學養管理，本節僅就民宿經營現況及人力運用、分派情形加以說明。

一、民宿基本組織架構

（一）民宿組織運作的意涵

　　民宿係利用自有住宅空閒房間，結合當地人文、自然景觀、生態、環境資源，以家庭副業方式自行經營型態，提供住宿、餐飲服務及農林漁牧生產、生活、生態體驗活動，以及導覽解說等項目，男、女主人為民宿事業經營之主體，透過親友或僱用社區人力資源運用，達到營運管理之效能。

（二）家庭民宿之人力組織

　　通常民宿男主人負責維持原有生產、戶外整理維護工作、行銷業務推展及參加社團或組織活動等項目；而女主人負責室內房務整理、膳食供應、接受訂房及登錄等工作；共同擔任解說、接待客人、觀摩學習。詳見圖 11-1。

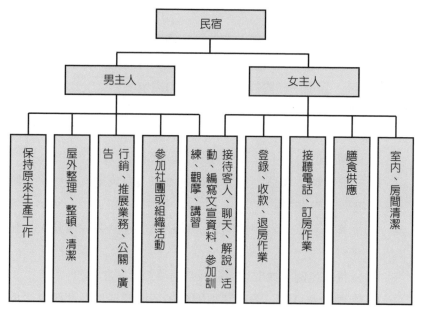

圖 11-1　家庭式民宿之人力分配

資料來源：吳明一（2002）。

二、民宿組織運作內容

民宿組織不似旅館業之完整與嚴謹，常常一人身兼數職，所需涉及之業務眾多又繁雜，要有效地發揮組織與人力之效益，需先了解民宿組織與人力之運作工作之內容：

1.客源：團體、散客客源招攬之人力。

2.行銷：開發、販賣民宿產品之人力。

3.通道：網站、DM、看板、指標建置及設置之人力。

4.供給：套房、雅房、通鋪之規劃、整理、定期維護翻修之人力。

5.容量：雙人（20平方公尺）、四人、六人以上之服務人力及

臨時雇工。

6.訂房：個戶受理、統一窗口等不同訂房方式之人力。

7.配客：依序、平均須考量民宿自身人力調配。

8.分級：民調、硬體設施提升之人力需求。

9.訂價：計人、計房、混合須考量個別服務品質及程度予以訂價。

10.促銷：假日、平日人力配置之運用與成本效益。

11.收費：統一、個別須考量是否增加人力負擔或採用預先劃撥與匯款方式。

12.結算：計次、計時與體驗活動及住宿之套裝計價及人員配置。

13.公積：比例、抽成須與社區共同經營參與之人力。

14.管理：會員制、委員制須配合民宿協會或地區產銷發展協會運作。

15.評鑑：申訴、仲裁等事項可委託專業人士或協會顧問群。

16.考核：標準、時間等事項由自身或協會組織運作實施。

第2節　民宿經營管理的理念目標與機能

民宿與其他觀光休閒產業具有相同之特性，但在經營管理的理念與目標，則與公司化、財團化及專業型態之觀光產業截然不同，民宿必須結合在地資源，融入社區營造文化內涵，與地區產業互動與共榮發展。

一、民宿經營管理的特性

民宿與休閒產業具有相同之特性，是一種具有特殊使用價值的服務及活動。具備的性質如下：

1. 不可儲存性：民宿產品，今天沒有出售完，就失去了今天這一產品的價值。

2. 不可衡量性：不同於一般產品，它具有抽象性、無形性，是既無一定狀態又不可觸摸產品，例如服務價值是憑消費者的印象、感受來評價和衡量。

3. 需求彈性大：因氣候、自然季節、節慶假日等的影響，所以需求彈性大。

4. 替代性強：不是必需品，所以容易取代之。遊客可以選擇旅遊路線、目的地、景點、飯店、交通工具、餐飲等。

5. 同時性：係指購買或預訂以後，生產與消費同時進行。

6. 品質差異性：係指同一服務，因提供者、生產者，及提供季節、時間、地點、環境不同，使服務品質產生差異。

二、民宿經營管理的理念

由於民宿經營管理的特性不同於一般旅館飯店，所以其經營理念與旅館業也有明顯之差異性，除了利潤之追求外，民宿之經營融合了地方社區在地化與擔負地方發展之責任，也需負起社區營造之理想。民宿不只是一處休閒住宿的場所，更是展現地方特色的窗口，因此，其相關經營理念，至少包括下列諸項：

1. 提供社會大眾一個住宿休閒、遊憩的場所。

2. 樹立良好的口碑與形象。

3. 培養經營專業常識，從事鄉土與在地化的經營管理。

4. 追求營業成長與利潤。

5. 追求獨特回味與特色。

6. 經常保持創新，不斷發揮創意的理念。

7. 善盡經營者的社會責任。

8. 融入當地社區總體營造的理念。

三、民宿經營管理的目標

　　如上所述，民宿之經營理念有其獨特性與理想性，因此，目標也自然有所不同，需同時兼顧地方之經濟與社會、文化之發展，除了增加地方就業機會，推廣地方特色產業，提高附加價值外，對地方社區之回饋與公平正義，都是民宿經營發展特有之目標：

　　1.追求投資成本回收。
　　2.追求產業合理價值利潤。
　　3.塑造當地特殊口碑形象。
　　4.追求帶動地方產業成長。
　　5.追求營運成本降低。
　　6.追求合理管理。
　　7.對當地社區的反哺與回饋。
　　8.協助培植當地居民成為經營管理幹部。
　　9.重視地方社會文化之發展與傳承。

四、民宿經營管理之機能

　　民宿經營管理之機能，展現在營運的規劃，人力的組織、任用與領導以及經營事務與業務的控制上：

　　1.規劃：生產之項目包括住宿、餐飲、體驗、夜間活動等之運作與管理。
　　2.組織：行銷之管道、人力之運用及人脈之耕耘。
　　3.任用與領導：人員遴選進用、訓練、考核等事項。
　　4.控制：財務成本、訂價策略及帳務之處理。

第3節　民宿人力資源運用與訓練

　　民宿受限於經營規模不大，且大部分屬家庭（或家族）人力經營從事各項服務工作，並無固定人員組織編制與經費，惟每逢週休二日或旺季期間，或特別團體及配合地區性節慶活動住宿需要，民宿經營者在人力運用支配上會顯得捉襟見肘，影響服務品質，若能考量社區或二次就業人力，輔以適當訓練，對因應非固定性人力需求，應可迎刃而解。

一、尋求民宿人力資源思考方向

1. 經營管理幹部可在返鄉就業的高學歷社區子弟中選用，經培訓後從基層工作開始磨鍊，並不吝升遷。
2. 體驗活動帶領者與解說員除循上述方式外，也可用社區已退休的公務人員或教師，加以訓練任用。
3. 客房或廚房工作人員可聘用社區有相關專長的居民。
4. 業者平時與社區互動，例假日也可僱用社區居民擔任臨時雇工。

二、民宿人力資源之甄選、訓練、勤務派遣及考核

（一）甄選

田 甄選對象

　　對於各管理單位而言，具有熱忱盡責的個性、對休閒農業有所認知、擁有專業背景的當地中、小學教師及大專院校學生為最佳選擇，因為其在這些條件上較具優勢，不但符合管理單位的要求，往後的訓練也比較容易。然而，社會上還有一批值得開發的人力資

源,如退休人員、兒女均已長大的家庭主婦等。這些人的學習意願
極高、人生閱歷豐富,只要其身體狀況許可,年齡及學識經歷無須
特別限制。以成本效益分析,是值得投資的一群。

田 初評

基本上是屬於將資料歸類的階段。民宿主人依據應徵者寄來的
履歷、自傳等基本資料,將其歸類,以便分批安排面談及準備預定
發問的問題。歸類的標準除了學、經歷外,興趣專長及曾參加的社
團,甚至曾任社團幹部等資料,均應特別註記。因為社團經驗對於
往後內部管理與解說計畫的研擬,與遊客間的互動關係或違規勸阻
技巧等助益較大。

田 面談

面談成員的組成以三至四人較佳,以聊天方式辦理。此時,可
以技巧性的提出一些問題,驗證履歷自傳等文字記載資料的眞實
性。在面談之後,即可篩選出合適的工作人選,依需要而加以錄
取。

(二) 訓練

訓練課程的安排必須依民宿實際的工作需要或是園區內解說資
源的種類加以實施介紹。然而職前訓練因時間有限,僅須就基本理
念介紹即可,至於深入詳細的探討可於日後參與社區舉行不定期之
研習或各項解說、烹飪、體驗、農產品加工課程。訓練課程涵蓋下
列項目:

1.民宿基本常識訓練:
　(1)餐飲禮節介紹。
　(2)餐飲住宿設施介紹。
　(3)體驗活動認識。
　(4)急救訓練。

(5)緊急事件通報處理原則。

2.民宿體驗活動實務訓練：

(1)周邊生態環境之認識。

(2)周邊觀光資源與休閒設備之認識。

(3)臨近生產活動之認識。

(4)社區生活方式之認識。

(5)農業休閒體驗活動之介紹。

3.其他訓練：

(1)說話的藝術。

(2)農業旅遊活動解說技巧。

(3)遊客心理與特性。

(4)遊客行為與旅遊模式。

（三）勤務派遣

⊞ 服務意願調查

為了確實掌握可供調度的人力，可以月份為單位設計服勤意願調查表，供工作人員填寫次月可前來服勤之日期，而且於每月 15 日前收齊彙整為「服勤意願統計表」。

⊞ 勤務派遣

依個人興趣專長、工作意願及住客服務需求派遣勤務。

（四）考核

考核的目的，除了獎勵優秀及淘汰不適任的人員外，最大的目的在於凝聚向心力，延續並增強民宿經營的永續性。考核可分為平時及年終考核二種：

1.平時考核：可參考遊客在接受服務後的意見反應或管理幹部平時的觀察。

2.年終考核：可以下列幾種標準加權爲之：平時的考核點數、
　服務意願點數、服勤次數點數、服務年資等。凡年終考核成
　績達某一點數，在公開的場合予以表揚，又表現特別優異
　的，可以列入榮譽榜方式表揚。

第4節　民宿服務的概念

　　民宿產業雖然有其經營之獨特性與目標，但本質上是一種服務
業，所以也脫離不了服務業之基本概念。經營者及服務人員需同時
認知一般傳統服務業，以及民宿獨特性之服務內涵與工作精神。提
升民宿經營服務品質，滿足顧客之需求，以達到經濟性、社會性之
目標，使民宿成爲地方產業永續發展的一個重要環節。

一、服務的基本概念

1.服務是一種行爲的表現，是一種想把事情做得更好的欲望。
2.服務是一種奉獻，一種責任，是一種耕耘。

二、服務特性的再認識

1.服務業的產品大部分是無形的，所以民宿所提供的產品，可
　能是一種情境、一種心境、一種意境，或是一種環境。
2.服務業不能事先儲存。
3.服務工作一旦做了就無法再回收。
4.服務成敗取決於既成事實的現象。
5.服務存在於消費者與生產者之間的理念。
6.對服務的感受因人而異，因地而異，也因時而異，所以不同
　的對象、不同的時空背景下，所提供的服務是不同的。
7.服務業是與客人面對面的互動關係，因此民宿主人的態度與

行為會影響客人之觀感，進而決定服務品質。

8.服務業是無法精確衡量其服務標準，因此民宿之行銷推廣訴求，可明確地定位與訴求。

三、服務過程與服務員特性

（一）服務過程上的特質

1.服務過程是短暫的，但對消費者之影響是長久的。

2.對顧客的包容性，最後會回應到提供者身上，所以要怎麼收穫，需先那麼栽。

3.早先一步做好準備，可避免臨時不必要的手忙腳亂，畢竟民宿可以是一種悠閒又優雅的服務業。

4.與顧客雙向溝通，可以提供更多更好的服務給顧客，也可以從顧客的身上可以學習到非常多的東西。

5.安排順暢的服務流程，給人休閒自在的感覺，方能產生休閒的效益。

6.以顧客的回饋改善服務流程，同時對顧客施以無形之正確休閒觀。

7.督導服務的執行，民宿方能長久經營。

（二）個人的表現特質

1.態度不卑不亢，親切自然，讓服務員與遊客產生自家人的感覺。

2.語調不急不緩，清晰明確，避免錯誤訊息的傳達。

3.身體語言不扭不捏，端莊自在，予人親切和藹之感。

4.反應機靈，體貼善解人意，讓人產生可以信任的感覺。

5.記住客人名字，拉近彼此距離。

6.適時引導介紹，強化記憶，讓遊客覺得是一趟很有價值的知

性之旅。

7.適當的推銷，除了避免顧客產生壓力，又能達到行銷的目的。

8.問題的處理，正確迅速，避免後續問題越來越嚴重。

四、提升高品質服務策略

1.塑造良好的企業文化。

2.促進員工滿意的經營環境。

3.嚴格而精確的面試過程。

4.落實教育訓練計畫。

5.建立服務品質手冊與評核指標。

6.實施鼓勵政策與採用獎懲辦法。

7.評估缺失，避免錯誤，改善精進。

8.徹底授權，執掌分明，有權有責。

9.一次就做好的做事態度。

五、顧客滿意經營要訣

1.記得你所服務的客人，這是一種令人難忘的尊重。

2.營造良好的第一印象，會使整個遊程都被加分。

3.實踐與滿足客人的需求與期望。

4.儘量給予客人方便，不要太計較一些微不足道的規定。

5.協助客人做決定，對主人與客人都有好處。

6.注意客人的認知與感受，主人也會因而得到好的認知與感受。

7.避免讓客人等候且等太久，令人不耐會抵銷掉很多的努力。

8.為客人製造美好而難忘的回憶，將來他會再重遊。

9.期待客人記得美好的住宿經驗，他會帶來其他的顧客。

10.讓客人感覺虧欠於你，他會給你更多的補償。

11.完善的安全設施，避免意外，終身遺憾。

12.設立免費的諮詢專線與抱怨處理，讓顧客覺得受尊重。

第 5 節　員工考核：以旅館業為案例

　　由於民宿之規模不大，員工較少，所以通常沒有進行考核工作。但隨著休閒產業（農業）之快速發展，將來員工考核勢必要進行，所以本節以觀光業為案例，以了解台灣觀光旅館業員工考核項目之內容，先就其人事管理制度與考核管理辦法做探討，再對考核項目做了解（談心怡、陳墀吉，2001）。

一、人事管理制度主要內涵及預期效益

（一）一般公司人事管理制度規章的種類

1.組織的章程制度：如組織架構、職位說明書、權限章程等，這些有助於組織的營運順暢。

2.法規的制度章程：如工作規則、退休、資遣解僱、傷害補償等。

3.人事的章程制度：以工作規則為基礎，如薪資、考核、升遷、獎懲等制度。

（二）一般公司擬訂人事管理制度規章的原則

1.簡要易懂，且不違反法令。

2.通盤考量各項制度規章之相關性。

3.表單規格與專有名詞之統一與標準化。

4.對於公司制度規章不只是做成書面文章即可，而必須實際應用，使組織順利運作，提高效率，以有效達成經營目的。

（三）觀光旅館業員工手冊

　　觀光旅館業員工手冊內涵包括業主經營理念、人事組織架構、旅館部門別等等，主要內容是人事管理規則，而員工考核辦法即包括在其中，考核項目亦清楚地列出。以下就國內凱悅飯店、美侖飯店、環亞飯店、米堤飯店等觀光飯店之員工手冊與考核表，整理出有關人事管理規則之主要內涵及預期效益（**表 11-1**）。

　　由上述各觀光旅館之人事管理制度內涵發現，員工考核是觀光旅館的人力資源管理系統裡的重要功能之一，實應善加利用，留住好的人才，以提升企業競爭力。

二、觀光旅館業與其他服務業員工考核之共同特點

　　觀光旅館所屬之行業別為服務業，其所屬員工之考核與服務業員工之考核雖亦有相異之處，但整體而言，兩者同質性甚高。故先就服務業的特性分析，並導入其員工考核制度與實務內涵後，再就觀光旅館業的員工考核提出論點。

　　服務業的主要特性為無形性、異質性、不可分割性、不可儲藏性。而服務業員工的考核因以上所述的行業特性，與其他行業相較之下，服務業與觀光旅館業員工的考核有共同的特點如下：

（一）考核之困難度高

　　因為行業特性中的無形性與不可儲藏性，員工產出的服務性勞務的素質難以用明顯而立即的方式作考核，對其考核及考核制度而言，較難建立系統化的考核模式，即便已有既有模式，也較難以科學化或數量化的方式行之，而考核結果之客觀性不見得全然可靠。往往要等到服務產生問題或有顧客訴願的產生，才會形成一需要考核的因素，讓執行者作為考核的依據。

表 11-1 人事管理制度主要內涵及預期效益

制度	主要內涵	預期效益
1.組織規程	1.1 目的 1.2 組織系統 1.3 組織設計與人員編列原則 1.4 部門設置原則 1.5 職稱（位）與職等及部門關係 1.6 職稱（位）設置原則 1.7 職掌 1.8 授權	1.確立組織架構 2.確立部門職掌與分工 3.確立人員職稱（位）與職等劃分 4.確立主管核決權限與人員職掌 5.確立部門人力配置
2.工作規則	2.1 總則 2.2 員工服務規章 2.3 員工任用 2.4 工作時間 2.5 休息、休假、請假 2.6 員工考核（另訂） 2.7 員工獎懲 2.8 員工解僱、資遣、離職 2.9 退休 2.10 員工升遷（另訂） 2.11 職業災害撫卹補償 2.12 員工福利 2.13 薪資計算（另訂） 2.14 年資計算 2.15 附則	1.導入勞基法，促進勞資關係和諧 2.人員之行為、秩序、職責、作息，以及「選、訓、晉、用、退」均有所依據 3.工作時間、休假、請假均有所規範 4.確立記功（過）之原則與標準，獎懲有所遵循 5.資遣、退休制度化，員工有保障，公司亦能控制人事成本
3.員工績效考核辦法	3.1 依據 3.2 目的 3.3 推動與執行 3.4 基本精神 3.5 考核標準 3.6 考核表格 3.7 考核項目 3.8 考核目的 3.9 年中考核與年終考核 3.10 試用考核 3.11 查閱 3.12 施行細則	1.員工之工作績效、才能、適任傾向得以了解掌握 2.作為年度薪資調整之參考 3.作為職位（等）晉升與職務調動依據 4.作為績效獎金與年終獎金發放之依據 5.作為人員教育訓練培養之依據 6.促成主管與部屬間之合作關係 7.員工努力方向更明確，有助於人員工作意願與士氣之提升
4.職位任用及晉升辦法	4.1 依據 4.2 適用範圍 4.3 晉升原則 4.4 新進人員任職 4.5 職等晉升 4.6 職等內晉升 4.7 晉升之限制	1.暢通晉升管道 2.「雙軌制晉升制度」使得人員晉升適才適所（主管職、非主管職） 3.結合考核制度、薪資制度，使得升遷制度更趨合理、更具誘因 4.好員工之努力有所回饋，利用晉升達成獎勵效果

（續）表 11-1　人事管理制度主要內涵及預期效益

制度	主要內涵	預期效益
5.薪資管理辦法	5.1 總則 5.2 薪資結構及項目 5.3 新進人員起薪標準 5.4 加給 5.5 津貼與獎金 5.6 請假給薪辦法 5.7 加薪與調薪 5.8 薪資計算與核發 5.9 薪資保密規定 5.10 附則	1.明確薪資結構，人員薪資核給合理化 2.合理薪資水準，足以留住人力 3.新進人員核薪、每年之加薪、調薪均有所依據 4.結合晉升、考核制度，使人事管理更趨健全
6.年終獎金發放辦法	6.1 目的 6.2 原則 6.3 計算方式 6.4 基數（考績、年資、職等）	1.激發員工工作士氣，養成共享經營成果之觀念 2.結合考績、年資、職等、考勤、獎懲等標準、作為獎金核發依據 3.公平與明確之年終獎金制度，可產生激勵效果

資料來源：談心怡（1999）。實地訪談所得。

（二）考核之敏感度高

因行業特性中的不可分割性，服務與消費是同時進行的，在服務提供的當時進行考核，往往易形成提供服務的被考核者與被服務的客戶雙方的壓力，故考核的方式需謹慎為之。

（三）考核之成本高

員工薪金、福利等有關支出占整體生產成本的比例較其他行業為高，故員工考核之成本也相對較高。

以上三個特點，在觀光旅館業，又更較其他服務業明顯。

三、觀光旅館組織架構部門工作特性與考核之關係

觀光旅館業的組織，不管規模大小及經營時間長短，按其作業功能都可分為兩大部門：

1.一爲營業部門（也稱外務部門[front of the house]）。

2.一爲管理部門（又稱內務部門[back of the house]）。

外務部門的任務在禮遇及滿足客人之前提下，圓滿提供客人食宿的服務；內務部門任務在以有效的行政支援，解除外務部門之辛勞而使其任務易於完成。旅館業之外勤單位好比軍隊在前方作戰，而內勤單位在後面作行政支援，也就是說營業單位是服務客人的，管理單位則是服務那些服務客人的人。兩者職責不同，但目的則一，應在分工合作、萬衆一心的原則下，適時適切妥爲接待旅客，使之感覺賓至如歸，而達成旅館企業之總目標。

外務部門包括客房部與餐飲部等兩大營業部門，及附帶營業部門（如旅遊部、育樂部、商店街）。而內務部門則包括總務、人事、財務、採購等一般管理部門及工程部等保養部門。每個部門均有各種不同職務，並由專人按照每項職務之工作說明書在執行工作。爲了使組織命令與報告系統一致化、權責分明、監督範圍確定，及各人工作分配不致疊架重複等，把整個旅館組織內的主要職務之工作分析與工作說明作一有系統之綜合歸納是必要的，以便於員工考核時項目制定明確。

四、觀光旅館員工考核項目之探討

員工考核須以工作說明書的內容作依據，以考核表內的項目逐一考核，考核項目之比重則依職務的不同而設計。

（一）工作分析與工作說明書

工作分析乃是在一個企業中，確立組織體制後及人事措施前，須將組織表上之各種工作或職務之任務、責任、性質以及工作人員之條件等予以分析，作爲書面紀錄，以作爲人事行政之依據；亦即對每一職位之內容及相關因素予以完全及有系統有組織之描述或記

載；工作分析所規定之各項要求，可作爲人員工作成績考核之基礎，讓主管有所依循來考核員工。工作說明及規範書（job description and specification）應包括下述內容（黃良振，1996）：

1.職務設立的目的及宗旨。

2.主要的工作內容。

3.工作相關的經驗及相關知識。

4.基本的學歷及專業技術訓練。

5.職責範圍包括金錢財務方面、人員管理、地區範圍及對機器設備的責任。

6.內外接觸的對象及階級。

7.組織表及呈報系統。

8.問題發生的種類、可能造成的影響及處理方式。

9.主要工作的作業流程及使用報表等。

以上說明可作爲主管考核員工時之依據。工作說明書及職務標準齊備即可編成詳細的考績表。

（二）員工考核表（考績表）

在考績作業的執行過程中所使用的表格，各公司繁簡不同。表格內容項目的多寡，又依公司的大小、對考核制度重視的程度、辦法的具體性及可行性等而異。一份完整的考績表，應該包括下列各項目及內容：

1.基本資料：如姓名、部門、職稱、考核期間等。

2.工作簡述：或稱關鍵性工作範圍，約爲三至五項。

3.細項標準：根據工作簡述中的每一項再細分出若干項，並列出訂定的目標與績效指標。一般而言，目標已於年度之初設定完成。績效指標，便列在此項中。這一項就是各職能、各

部門或各行業別有所不同的地方。

4. 等第評估：根據目標與指標，衡量成果與優劣。

5. 訓練需求：為彌補工作缺失或提升績效，員工需要參加何種訓練、何時參加、為時多久。

6. 潛力評估：或稱為發展潛能。即將來的發展潛力為何、何種職務、何時可勝任等。

7. 簽字核准：除直接主管初核簽字外，如果公司文化開放，員工也應簽名，最後由上級主管核准。

上述七項，可多可少，可繁可簡。考核完整，缺一不可。甚至尚可加入員工的自我評估或生涯的規劃與討論。不同的產業別，只有在二及三兩項中有明顯差異。其餘部分，宜力求全公司的一致性。

五、考核項目

考核表內容項目有很多，如出勤率、訓練智能、在公司的發展、生產量、服裝儀容、工作品質、業績、和同事及上司的相處情形，每一家公司都有自己的考核制度、考核辦法或績效評估的方式，可說五花八門，無非是以工作分析與工作說明書作標準而設計的。

（一）一般員工考核的要項

一般員工考核的要項包括知識（knowledge）、技術（skill）、能力（ability）與工作貢獻度、品行及體力等等方面。但考核項目有些仍須視行業別的不同而有所調整，如**表 11-2** 所示，由表中內容可看出各行業之考核評估重點並不相同，因此考核時考核的項目仍需視實際情況慎列考核選項。觀光旅館業是近身服務的行業，所以儀表與身體狀況也常被列入考核項目。

表 11-2　不同業種別考核要項表

銀行業	1.業務量；2.正確性；3.敏捷性；4.研究力；5.完成性；6.勤勉性；7.精巧度；8.督導性；9.理解度；10.記憶力；11.自制力；12.持續性；13.業務態度；14.知識；15.健康
百貨業	專櫃人員：1.容貌儀態；2.工作知識；3.商品知識；4.服務態度；5.敏捷性
製造業	機械工：1.作業知識；2.工作數量；3.工作品質；4.進度控制；5.協調性；6.主動性 維護工：1.正確性；2.作業知識；3.指導能力；4.速度；5.安全 督導者：1.人際關係；2.品質管理；3.進度控制；4.維護；5.指導性；6.作業知識；7.信賴度；8.判斷力；9.主動性；10.創造力；11 健康
服務業	專業知識：1.對客戶的知識；2.有關販賣知識；3.有產品成本意識；4.有關客戶的資料收集 性　格：1.開放性；2.妥協性；3.協調性；4.感受性；5.誠實性；6.親切心；7.研究心 態　度：1.忠誠度；2.熱忱努力；3.人群關係；4.待客用語；5.儀表；6.服裝 能　力：1.估價能力；2.事務處理能力；3.說服力；4.待客用語；5.顧客心理之把握力；6.指導力；7.判斷力

資料來源：鄭瀛川、王榮春、曾河嶸（1997）。

（二）考核標準的內容

　　考核標準的內容（也就是考核項目），主要有三個面向：(1)個人特質標準；(2)工作行為標準；與(3)工作成果標準。評估考核的主要目的，在於改進工作績效和發展個人與組織能力，而為了有效衡量員工工作績效，績效標準的內容實應由員工工作行為所獲致的工作成果來考量，不應完全以員工個人特質為考評重點。但在個人能力發展或生涯規劃時，為了配合個人特質和潛在取向，個人特質的考評亦有其作用。而此三項標準的評分比重，應視員工工作性質而定（張翠娟，1992）。由此可知，考核項目的選定依員工工作性質和考核目的的不同而有所差異，分別為：

⊞ 業績考核

此乃針對員工擔任的職務、職責，觀察其任務執行到何種程度的一種考核。具體的說就是要評估「工作性質」、「工作量」、「企劃」、「研究」、「領導統御」等內容。此時所使用之考核尺度就是「工作說明書」和「目標達成度」。

⊞ 勤務態度考核

此乃指員工的潛在性格與特質，在執行職務時所呈現的部分。而與執行職務無關的部分則應該排除在外，而僅以和業務有關或影響工作的士氣者為限。其具體的內容諸如「積極性」、「責任感」、「協調性」、「獨立性」等要素。

⊞ 能力考核

能力應以在執行職務時顯示而表現的能力為考量的中心。能力和業績有高度的相關性雖然是個事實，但業績並不等於能力，因為業績裡面除了能力以外，還有其他的因素會以正面的或負面的型態摻雜進來。能力考評一般係以「工作知識」、「相關知識」、「見識」、「判斷力」、「企劃力」、「折衝力」、「實踐力」、「領導統御能力」等評定項目，作為考核的依據。其不同於業績考核的一面，係在於若要發現員工的潛在能力，就必須細心而深入地觀察其能力發揮的過程和現況。故考核者於日常就應留意觀察員工表現並將所得記錄下來，則可對員工的能力有多面的發現和了解。

⊞ 性格測定

人事考核的性格測定與能力考核一樣，是以人的潛在性能為對象。所以在考核上較為複雜，應以工作現場所表現的行動作為依據才算準確。就這個概念來說，人事考核之性格評定可以說是一種比勤務態度考核更為廣泛的一種考核。利用心理測驗的途徑來了解人的性格也許是較為正確的方法，不過對於職業場所的行動特性則毋寧從實際面切入觀察反而更能接近現實。

田 適任測定

　　人事考核是以業績、勤務態度、能力、性格等觀點來考察職員執行職務的情形，因此可把所得的評分予以總和起來，藉以研判被評定者是否適合於本職，同時也需要評估他是適合於何種職務或不適合於何種職務，這種研判的工作就是適任測定，也叫適性判別。

　　綜上所述，民宿員工之考核標準之內容項目，大致需將下列之二十題項列入考核項目：

1.年資。

2.業績。

3.工作品質。

4.工作分量。

5.工作效率。

6.工作時間。

7.研發能力。

8.專業知識。

9.專業技能。

10.應變能力。

11.領導統御能力。

12.協調溝通能力。

13.勤惰態度。

14.團隊精神。

15.敬業精神。

16.服務態度。

17.品德操守。

18.進取心。

19.主動性。

20.忠誠度。

第 12 章

民宿之財務管理

民宿雖為副業經營性質，但從住家改變為客房及餐飲服務，在客房備品、內部設施及周邊休憩設施，均須投入改善經費成本，而在客房銷售仍未可預測情形下，對財務成本控制、帳務作業、現金與庫存管理及稅務處理與資金運用，均應量力而為，審慎評估控管才能永續經營。

第1節　民宿財務成本與訂價策略

民宿經營投入之成本，除硬體設施費用外，亦應包含固定人力與經常性支出，同時也須分析淡旺季差異性、遊客屬性、旅遊方式等，做為售價策略參考依據。

一、成本

（一）經營上之成本

1.房間的格式：民宿經營型態有套房、連通客房或通鋪，須改善項目及費用有所不同。

2.房間內部設施：以原來住家設施即可或須增加投資改善費用。

3.周邊設施：觀景涼亭、平台、休憩座椅、停車空間、夜間照明等設施費用。

4.服務中心：需增加傳真機、通訊設備、價目表、導覽圖及網路等費用。

5.住宿作業管理：每日環境及內部清理，餐飲及房務備品等相關管理作業費用。

6.解說訓練：體驗活動規劃，解說相關題材蒐集、研習等費用。

（二）固定成本

1.人 力：自身及僱用人力薪資、個人險、獎金等。

2.備 品：客房、餐飲或特殊體驗活動準備材料。

3.水 電 費：因應住客服務所增加之水電費用。

4.員 工：供應住宿、餐飲、教育訓練、婚喪喜慶等費用。

（三）變動成本

1.現有資源之運用。

2.公共安全之考量。

3.自然災害之考量。

4.人力來源及工作調配。

5.交通工具之調派。

6.導覽人員之指派。

（四）成本規劃原則

1.以現有的設施運用。

2.以生財為優先考量。

3.成本的合理控制。

4.軟體的補強。

二、訂價（房價的種類）

（一）參考旅館的房價種類

1.歐洲式計價：即房租不包括餐費在內的計價方式。

2.美式計價：即房租包括三餐在內的計價方式。

3.修正美式計價：即房租內包括兩餐在內的計價方式（民宿套裝旅遊多屬此類）。

4.大陸式計價：即房租內包括早餐在內的計價方式（民宿
　B&B 基本服務多屬此類）。

5.百慕達計價：即房租內包括美式早餐。

（二）房價的種類

1.標準價：即民宿房間的標準訂價，國內民宿以房間計價兩人
　房通常約在 1,200 至 1,600 元之間；以人員計價每人約 400
　至 800 元之間。

2.團體價：針對特殊通路之優惠或促銷價格：
　(1)旅行業者。
　(2)會議團體。
　(3)網路公司。
　(4)獎勵旅遊團體。

3.散客價：通常可分熟客與過路客（或第一次訂房），老客人
　均會有優惠價格。

4.套裝價：即包含體驗活動、鄰近景點門票及三餐費用之價
　格，通常運用在特殊節慶活動（如宜蘭國際童玩節、白河蓮
　花節）及連續假期（如春節、中秋節）期間。

5.長期住客價：以學術研究之學生及老師或作家、畫家居多，
　長期住客多會給予優惠折扣。

6.旅遊業者：運用相關通路代為銷售之業者。

7.受業者配額：長期合作之協會或團體。

8.折扣價（discount rate）：
　(1)在促銷期間（promotion），通常運用在淡季期間，增進住
　　宿使用率。
　(2)常客或特殊待遇、公司機構價，又分有簽約及無簽約兩
　　種。
　(3)休閒產業界的從業人員，旅館業、航空公司、旅行社職

員，學校、社區社團協會等等。

(4)外交官／政府官員價：客房升等（upgrade）的禮遇。

(5)信用卡折扣價。

9.淡季價（low season rate）。

10.旺季價（high season rate）。

11.以人頭計價。

12.免費。

三、客房售價建議

1.雙人套房：參考價格約為每間 1,000-1,200／元（每人約 500-600／元）。

2.雙人雅房：參考價格約為每間 800-1,000／元（每人約 400-500／元）。

3.四人套房：參考價格約為每間 1,800-2,200 元（每人約 450-550／元）。

4.四人雅房：參考價格約為每間 1,400-1,800／元（每人約 350-450／元）。

5.四人通鋪：參考價格約為每間 1,200-1,600／元（每人約 300-400／元）。

6.六人通鋪：參考價格約為每間 1,500-2,100／元（每人約 250-350／元）。

7.交通：內含或按里程數計價。

8.桌餐：每桌約為 1,500 元起，特殊風味餐則約為 3,000 元起。

9.自助餐：約為每人 120 元起，BBQ 烤肉等 DIY 餐飲則每人 80-100 元間。

10.便當：約為 70 元起。

11.早餐：約為 50 元起。

12.宵夜：約為 50 元起。

第 2 節　民宿帳務作業

　　民宿經營者可謂伙計兼老闆，在繁瑣工作中，最不能忽略的即是財務帳簿的登載，各種財務數據，均為經營策略與評估之參考指標。

一、認識財務觀念

　　民宿經營者應從收入、支出、淨利或減損、借或貸等各種會計數據資料，加以管理及控制，並將每個月或季或年為單位，以該經營期間之相關數字加以分析，並以其收益性與其他行業或同為民宿業相比較，或確立預算與收入目標，加以財務管理及成本管理，並控制費用，加強行銷，以達增加利潤，使民宿財務健全永續發展。

二、財務帳簿之設置記載

1. 日記簿：是一種按照交易發生的次序逐筆登載的敘時紀錄，將每日發生的交易彙總分類後，登入該簿，並作扼要的說明（**表 12-1**）。
2. 總分類帳：將日記簿內之各項科目分類過帳登錄。
3. 營運紀錄簿：提供經營者逐日記載住房客戶人數、收入金額，以為統計分析（**表 12-2 、表 12-3**）。
4. 補助帳：其他必要之補助帳。

三、會計憑證

1. 記帳憑證：
   (1)應付憑單。

表 12-1　民宿日記簿

月	日	現金			摘要	業務收入	購買材料支出	薪資支出	租金支出	文具用品	旅費	郵電費	修繕費	勞保費	交際費	水電費	印刷費	稅捐	書報雜誌	燃料費	訓練費	交通費	辦公設備	職工福利	其他費用	其他帳戶	
		收方(借)	付方(貸)	結存(借)		(貸)	(借)	(借)	(借)	(借)	(借)	(借)	(借)	(借)	(借)	(借)	(借)	(借)	(借)	(借)	(借)	(借)	(借)	(借)	(借)	科目	(借)　(貸)
	1																										
	2																										
	3																										
	4																										
	5																										
	6																										
	7																										
	8																										
	9																										
	10																										
	11																										
	12																										
	13																										
	14																										
	15																										
	16																										
	17																										
	18																										
	19																										
	20																										
	21																										
	22																										
	23																										
	24																										
	25																										
	26																										
	27																										
	28																										
	29																										
	30																										
	31																										
	合計																										

表 12-2　民宿營運量統計表

日	房間住用	住宿人數	住宿收入	餐飲收入
1		人	元	元
2		人	元	元
3		人	元	元
4		人	元	元
5		人	元	元
6		人	元	元
7		人	元	元
8		人	元	元
9		人	元	元
10		人	元	元
11		人	元	元
12		人	元	元
13		人	元	元
14		人	元	元
15		人	元	元
16		人	元	元
17		人	元	元
18		人	元	元
19		人	元	元
20		人	元	元
21		人	元	元
22		人	元	元
23		人	元	元
24		人	元	元
25		人	元	元
26		人	元	元
27		人	元	元
28		人	元	元
29		人	元	元
30		人	元	元
31		人	元	元
總計			元	元

表 12-3　民宿營運報告表

月份	房間住用	客房住用率	住宿人數	經營收入	餐飲收入
1				元	元
2				元	元
3				元	元
4				元	元
5				元	元
6				元	元
7				元	元
8				元	元
9				元	元
10				元	元
11				元	元
12				元	元
總計／總平均				元	元

客房住用率：1.實有房間數×本月營業總天數＝本月可供出租客房數總計
　　　　　　2.本月實際出租客房數總計／本月可供出租客房數總計＝本月住用率

　(2)傳票。

2.原始憑證：

　(1)外來憑證：相關營業單位給民宿經營者的憑證（發票、
　　　收據、對帳單）。

　(2)對外憑證：民宿經營者給他人的憑證（發票、收據、提
　　　貨單）。

　(3)內部憑證：

　　　A.員工薪資清冊、工作獎金或津貼領據。

　　　B.交通費、油費單據。

　　　C.紅白帖支出之核銷。

　　　D.無法取得憑證證明單（簡稱付款證明單）。

四、帳簿憑證之保管與提示

　1.帳簿：應於會計年度決算程序終了後，至少保存 10 年。

2.憑證：應於權利義務消滅後，至少保存 5 年。

3.保管：原則上應留置於營業場所內。

4.提示：帳簿憑證其關係所得額之一部分而未能提示者，稽徵機關得就該部分，依查得之資料或同業利潤標準核定其所得額。

五、經營成果之衡量

1.單位成本計算表：彙集餐飲相關成本，計算單位成本，協助經營者分析損益，並為訂價之參考。

2.資產負債表：表達某特定日期營利事業資產負債及業主權益狀況，又稱為財務狀況表，乃表達經營者的資金用途（資產）及資金來源（負債）狀況（**表 12-4**）。

3.損益表：表達一定期間經營成果的報表，其主要目的在說明各項收入的來源及各項費用或成本的去處，兩相比較了解淨利或淨損的原因（**表 12-5**）。

4.運用財務報表：

　(1)預估住宿收入表與明細表。

　(2)預估餐飲收入與明細表。

表 12-4　民宿資產負債表

資　　　產		負債和權益	
現金	$ XXX	銀行借款	$ XXX
應收帳款	XXX	應付票據	XXX
備抵呆帳	XXX	應付帳款	XXX
存貨	XXX	應付費用	XXX
預付費用	XXX	其他負債	XXX
土地	XXX	預收住房訂金	XXX
房屋	XXX	資本主往來	XXX
累積折舊－房屋	XXX	負債合計	$ XXX
設備	XXX		
累積折舊－設備	XXX	資本	XXX
其他資產	XXX		
資產合計	$ XXX	負債和權益合計	$ XXX

表 12-5　民宿損益表

經營收入				
住宿收入			$ XXX	
餐飲收入			XXX	
其他經營收入			<u>XXX</u>	
經營收入總計				XXX
經營成本				
住宿成本				
直接人工		$ XXX		
製造費用				
耗用材料	$ XXX			
折舊	XXX			
水電瓦斯	XXX			
修繕費	XXX			
保險費	XXX			
郵電費	XXX			
文具用品	<u>XXX</u>			
製造費用合計		<u>XXX</u>		
住宿成本合計			XXX	
餐飲成本				
期初存料	XXX			
本期進料	XXX			
期末存料	(XXX)			
直接材料合計		XXX		
製造費用		XXX		
間接人工	XXX			
文具用品	XXX			
旅費	XXX			
運費	XXX			
水電費	XXX			
折舊	XXX			
其他費用	<u>XXX</u>			
製造費用合計		<u>XXX</u>		
餐飲成本合計			XXX	
其他經營成本			<u>XXX</u>	
經營成本合計				<u>XXX</u>
經營毛利				XXX
營業費用				
薪資支出			XXX	
租金支出			XXX	
：			：	
：			：	
營業費用合計				XXX
營業淨利				XXX
非營業收入				
利息收入			XXX	
出售資產收入			XXX	
非營業收入合計				XXX
非營業支出				
利息支出			(XXX)	
出售資產損失			(XXX)	
非營業支出合計				(XXX)
稅前淨利				XXX
所得稅				(XXX)
稅後淨利				$ XXX

(3)每月收入比較表。

(4)每月份收入與支出費用分析表。

六、建立損益兩平之考量

建立休閒農業經營有關收入與成本之考量,至少達到損益兩平,損益平衡點可以用下列各種公式來計算:

1.損益平衡點的基本公式

  (1)銷售量的損益平衡點:

    固定成本÷(銷售價格－變動成本/銷售數量)

  (2)銷貨收入的損益平衡點:

    固定成本÷(1－變動成本/銷貨收入)

2.固定成本變動時損益點計算公式

  (1)銷售量的損益平衡點:

    (固定成本±變動額)÷(銷售價格－變動成本/銷售數量)

  (2)銷貨收入的損益平衡點:

    (固定成本±變動額)÷(1－變動成本/銷貨收入)

3.變動成本比率升降時的損益點計算公式

  (1)銷售量的損益平衡點:

    固定成本÷〔銷售價格－變動成本/銷售數量(1＋升高％或－降低％)〕

  (2)銷貨收入的損益平衡點:

    固定成本÷〔1－變動成本/銷貨收入(1＋升高％或－降低％)〕

4.售價調整時的損益點計算公式

  (1)銷售量的損益平衡點:

    固定成本÷〔銷售價格(1＋加價％或－減價％)－變動

成本／銷售數量〕

(2)銷貨收入的損益平衡點：

固定成本÷〔1－變動成本／銷貨收入（1＋加價％或－減價％）〕

5.為達到某盈利目標的營業量或營業額計算式

(1)銷售量：

（固定成本－盈利目標金額）÷（銷售價格－變動成本／銷售數量）

(2)銷貨收入：

（固定成本＋盈利目標金額）÷（1－變動成本／銷售入）。

七、財務分析

財務分析在找尋民宿的收益性及安全性。

（一）收益性分析

在收益性分析方面，一般分析項目包括：

1.毛利率：由損益表上各該利益與銷售額之比表示。

2.資本利益率：由淨利與總資本之比率表示，而營業利益與淨值（即自有資金）比率，通常稱爲投資報酬率。

3.比較損益表：以年度銷貨、成本、費用及損益金額、各項利潤與資本利率等，與歷年比較，計算成長率。

4.資本周轉率：運用總資本做多少生意，就是資本周轉率，或稱爲銷售周轉率。

（二）安定性分析

在安定性分析方面，是在測定企業財務是否穩健，通常分析：

1.流動比率及速動比率：流動比率就是流動資產除以流動負債。

2.自有資本比率：即自有資本（淨值）與總資本之比，也就是自有資本除以總資本。

3.資產構成比率：以流動資產或固定資產與總資產的比率表示。

4.固定比率：即固定資產與自有資本（淨值）之比。

第3節　民宿現金財務與庫存管理

　　現金與庫存物品均是經營者隨時可運用之資產，故對該兩項流動財產管理，除應按會計作業登載管控外，並要適時流通運用發揮效益。

一、現金收入

1.每天的現金收入，必須全部存入銀行：它的來源如下：
(1)櫃檯出納。
(2)餐廳出納。
(3)收款員。
(4)掛號支票。
(5)預收款。

2.保險箱：
(1)當開啓保險箱時，是否有兩人在場。
(2)是否保險箱的款項和簽收表上記載一致。

3.背書：民宿經營者一收到支票時，就蓋上「禁止背書轉讓」。

4.其他收入：

(1)佣金。

(2)回收品。

(3)殘餘價值物品。

二、庫存現金

1.零用金：檢核是否每位出納有一筆獨自負責和保管的現金。

2.借據：檢核是否所有發放的庫存現金，在收據上，都有出納的簽字。

3.突擊檢查：依照民宿既定原則，每隔一段期間必須盤點庫存現金。

三、銀行帳戶

1.銀行調節表：編製銀行調節表的人，不能負責下列工作。

(1)簽發支票。

(2)存款。

(3)現金收入及現金支出之登錄。

2.銀行調節表的覆核是否每月執行。

四、應付帳款

1.重複付款：應當在發票上，蓋上「付訖」的印章，以免重複付款。

2.檢查要件：

(1)檢查發票上的付款條件、數量和採購單上是否相符。

(2)檢查發票上的物品和數量是否和驗收單上相符。

(3)檢查總額延期和折扣的數目是否正確。

(4)檢查帳之歸屬分類是否正確。

(5)給與管理帳務人員核准之發票上未包含物品的品名，如費用、租金、電費、水電、瓦斯費等，是否加以檢查。

(6)是否在發票上蓋章顯示支票已開立且核准。

3.空白支票：所有未簽付的支票皆妥善保管。

4.支票請求單：開立支票時，應核對是否有購買之發票或其他收據。

五、應收帳款

1.帳齡分析表：每月應當編製帳齡分析表。

2.核對：應核對總帳與分類帳是否相符。

3.沖銷：核對沖銷應收帳款。

4.信用卡：應當對出納作好收授信用卡的必要流程與規定的訓練。

六、存貨

1.簽字樣章：倉庫的發料應被適當的控制，而且領料單上，應有有權人的簽字。

2.實際盤點：下列幾種存貨，每月必須盤點：

(1)食品。

(2)飲料。

(3)物料。

(4)其他商品：如農特產品、手工藝品等。

3.盤點報告：

(1)呆滯品報告。

(2)破損百分比報告。

(3)破損金額報告。

(4)盤盈原因的檢討。

七、採購、驗收、儲存

（一）採購單的規定與流程

1. 要設定連續號碼。
2. 非食品及飲料之採購也需要開立採購單。
3. 必須先有請購單的核准，才能開立採購單。
4. 應註明付款條件及送貨時間。
5. 應註明規格及品名。

（二）驗收單的規定與流程

1. 應設定連續號碼。
2. 應檢查數量、單價、規格。
3. 應每天與會計核對驗收金額。
4. 每一樣驗收的物品，均應開立驗收單。

（三）儲存的流程

1. 標　籤：當收到魚類、肉類時，應馬上加貼標籤，以利控制。
2. 棧　板：任何倉庫的地板，均應放棧板，以防止東西腐敗。
3. 擺　置：東西的擺放，應當重的在下，輕的在上。
4. 上　鎖：倉庫應經常上鎖，以保安全。

第4節　民宿稅務處理與資金運用

經營民宿雖免辦營業登記、免徵營業稅，但營收仍要併入綜合所得課稅，相關土地、房屋稅務處理，亦是經營財務管理的重要課題，民宿經營者應對實質經營後衍生之稅務問題有所認知。

一、現行所得稅之規定

（一）營利事業所得稅

凡在中華民國境內經營之營利事業均應課徵。

（二）綜合所得稅

凡有中華民國來源所得之個人，應就其中華民國來源之所得，課徵綜合所得稅。

（三）兩稅合一制度

「兩稅合一」係將「營利所得」應課徵之「營利事業所得稅」及「個人綜合所得稅」兩種所得稅合而為一。

二、納稅主體之經營型態及其納稅方式

（一）個人型態

視政府政策許可時，僅課徵個人綜合所得稅。

（二）獨資（或合夥）

⊞ 小店戶

免用發票商號（每月營業收入未 20 萬元）。該商號每年盈利不必課徵營利事業所得稅，僅併入業主當年度綜合所得課徵個人綜合所得稅。唯每三個月仍須按稅捐處查定之營業稅課徵一次。

⊞ 大店戶

使用發票商號（每月營業收入達 20 萬以上）。該商號除依稅法規定開立統一發票，按月申報繳稅外，每年應辦理營利事業所得稅結算申報，依稅率繳納營利事業所得稅，業主再以其結算淨利申報

綜合所得稅。惟原已繳之營利事業所得稅可用以抵扣業主綜合所得稅（即適用兩稅合一制度）。

三、民宿稅務處理

（一）課稅原則

1. 符合下列條件者得免辦營業登記，免徵營業稅，惟要課負責人綜合所得稅即租金收入。
   (1)客房數 5 間以下。
   (2)客房總面積不超過 150 平方公尺（約 46 坪）。
   (3)未僱用員工。
2. 除符合上述條件外，均應辦理營業登記，繳納營業稅及營利事業所得稅。

（二）稅務處理應注意事項

⊞ 取得民宿登記證

1. 免辦營業登記者：
   (1)免營業稅、免營利事業所得稅。
   (2)按住宅用房屋稅率課徵房屋稅。
   (3)按一般用地稅率課徵地價稅。
   (4)按一般租金標準課徵綜合所得稅：房屋評定現值×標準租金比率（以直轄市以外其他縣市為例，住家用比率為 15 ％×（1-43 ％））。
2. 應辦營業登記者（以獨資型態申請），可分為兩種：
   (1)使用統一發票：
   　A.應每期（二個月）申報銷售額並繳納營業稅。
   　B.年度結束時應辦理營利事業所得稅結算申報。

(2)適用小規模營業人免用統一發票：由稽徵機關按查定營
業額主動發單課徵營業稅及所得稅。

田 未取得民宿登記證
1.按一般旅館業（行業代號 J901020）、餐館業（行業代號
F201060）申請營業登記。
2.設籍課稅。

（三）加值型與非加值型營業稅

田 課稅範圍
在中華民國境內銷售貨物或勞務及進口貨物，均應依法規之規
定課徵加值型或非加值型之營業稅。

田 稅率
現行徵收 5 ％。小規模營業人及其他經財政部規定免於申報銷
售額之營業人其營業稅率 1 ％。

（四）相關稅捐之負擔

田 綜合所得稅
依財政部訂頒之自力耕作、漁、林、牧收入成本及必要費用標
準，目前不論種植何種作物、漁獲、林產、畜牧，成本及費用均爲
收入的 100 ％，亦即全部免稅。

田 營利所得稅
已辦理公司、或獨資與合夥人營利事業登記，須課徵營利事業
所得稅。

田 營業稅
銷售未經加工之生鮮農、林、漁、牧產物、副產物免營業稅。
但收入園券、門票等非農產品之收入，理應課稅。

⊞ 土地稅

　　課徵田賦之土地免徵地價稅，包括供農作、林產、養殖、畜牧及保育使用者及供與農業經營不可分離之農舍、畜牧舍、倉儲設備、曬場、集貨場、農路等及其他農用之土地。但若農地閒置不用，經限期使用仍未使用，應課荒地稅。若於農舍土地設立營利事業登記，則需課地價稅。

⊞ 房屋稅

　　農舍、農用房屋免房屋稅，但若設立營利事業登記，則需課房屋稅。

⊞ 勞工保險

　　受雇於農場、牧場、林場之產業或專業之員工，應參加勞工保險為被保險人。個人農場無強制規定，但可自願投保，或雇主為受雇員工投保意外險，以保障員工安全、無後顧之憂。

⊞ 農地移轉相關稅賦之負擔

1. 不課徵土地增值稅：作農業使用之農業用地，移轉予自然人時，得申請不課徵土地增值稅。
2. 免徵遺產稅：作農業使用之農業用地，由繼承人承受者，免徵遺產稅。五年內如有移轉他用，則需補徵。
3. 免徵贈與稅：作農業使用之農業用地，贈與民法第1138條所定繼承人者，其土地免徵贈與稅。五年內如有移轉他用，則需補徵。
4. 可分別贈與不同之對象。

（五）財務策略的目標

1. 參與農場經營者繳交的股金應為最主要的資本。基本設施方面，農政機關或地方輔導單位依規定予以貸款或補助。
2. 任何投資應先做評估。民宿的每項投資金額可大可小，應考

　　量投資須多久時間、多少客人才能回收，宜謀而後動。

3.民宿經營進出金額詳細記帳，俾能正確計算損益，並對參與
　經營者昭言。

4.民宿的經營管理績效，可從財務報表中表現出來，例如備品
　管理沒做好，則財務報表的存貨必然增加。

第 13 章

民宿的行銷管理

　　民宿為結合農、林、漁、牧三生體驗活動的休閒產業，也是觀光產業住宿體系的一環，民宿成為休閒服務業以來，一直以民宿主人魅力、善用資源、熱心經營而獲得遊客口碑，為其最佳行銷管道，隨著各地民宿如雨後春筍林立，仿如商業之競爭行銷與推廣，便成為民宿永續經營必須重視的課題。

第1節　民宿行銷的概念

　　民宿經營規模不大，行銷經費有限，在行銷概念上宜善用行銷通路，搭配民宿組織、觀光單位及地方產業整體行銷，達成行銷效益。

一、行銷的定義與觀念

（一）行銷的定義

　　供給與需求雙方透過研究、分析、預測、產品、價格、推廣、通路等各種交換程序，引導滿足人類的需求與欲望之各種活動。

（二）傳統整體行銷的觀念

　　以消費之需求與欲望為導向的經營理念，來滿足顧客的需要，進而達成組織的目標。

（三）現代行銷傳播的觀念

　　透過資訊傳播，創造產品、服務、公司在消費者心中之形象，建立兩者良好且長久之關係。

（四）有效行銷之評估

能於市場的分析與定位作充分掌握，而於最後之銷售成果達成預定目標，則爲有效行銷（藍明鑑，2002）。其評估之項目爲：

1.最高單位產值。
2.最低經營成本。
3.最快時間奏效。
4.最少人力投入。
5.最多市場迴響。

（五）達成有效行銷之要素

1.優良產品。
2.合理價位。
3.有效推廣。
4.良好策略。
5.經營人才。

二、因應休閒需求、結合資源與提供優質民宿（產品）

1.結合當地的資源與開發能力塑造原創民宿（產品）。
2.爲民宿（產品）找到可行銷之初級市場。
3.研判市場吸納量及產值，爲過剩產品再探索晉級市場。
4.於探索過程中發現有最佳市場時，依市場需求重塑民宿（產品），研發出優質民宿，創造最高產值。

三、掌握客源屬性，訂定合理價格

1.價格必須有市場之認同，市場有不同之消費群。

2.價格取決於供需之考量，供需有多變之影響因素。

3.價格要遵循收支之法則，收支不良即無持久優良之產品。

4.要有誠實合理的價格，且明確「公告周知」。

四、以節約經濟為原則，善用行銷通路（藍明鑑，2002）

1.具吸引力的宣傳，誠實的報導，透過媒體找通路：
   (1)報章、雜誌、刊物等文字媒體。
   (2)電視、電台、網路等電子媒體。
   (3)編製導覽手冊、摺頁、傳單等文宣資訊。
   (4)參與各地各式相關展覽或解說活動。

2.設置行銷點，開展業務線：
   (1)於可能之客源區，主動伸展業務線。
   (2)於交通便利之客集地，定點設置行銷點。

3.建立聯盟系統：
   (1)大環境之同業結盟，在經營商機與客源上可相互推介與牽引。
   (2)在區域內異業聯盟，共同營造套裝商品，滿足消費者關聯性需求，相互推展客源數量。
   (3)透過各式結盟，除了通路共享、資源共生外，更能避免重複投資，節省重複人力與財力。因相互串連，提升彼此信用度，在行銷上更有共振效應。

五、結合資源與策略應用宣傳推廣

1.資源共享，結合既有通路與行銷點，共同運作。

2.運用策略聯盟機制，包裝套裝商品展現加值化價值。

3.廣集客戶資料，建立忠實顧客群，經常聯繫、傳播消息，透過此一系統，進行推廣促銷。

4.設計詳盡、有內涵、精準度高且消費者願意收藏使用之旅遊
資訊。

5.因應時代之需求，也講求知的快速，直接與有效性地建構網
路行銷網，使消費者與經營者更能接近、更能縮短時空的距
離，讓行銷之效益發揮到極致。

第2節　民宿的行銷工作

　　民宿的行銷工作內容包括：民宿市場調查、內外經營環境分
析、擬訂行銷企劃方向、業務推廣、公關宣傳，以及訂房工作、常
客服務、美工設計等。

一、行銷工作內容

（一）行銷市場之調查

1.外部環境分析：政治政策、社會趨勢、地方文化、地方景
點、當地特產、天候、交通、競爭者。

2.內部資源分析：

(1)硬體：設備、地點、規模、環境。

(2)軟體：人力、服務、形象、活動。

（二）行銷企劃方向之擬訂

1.產品須有特色

2.讓人覺得物超所值。

3.品質須與形象調和。

4.與同業、異業策略聯盟，減少企劃花費。

5.創造在地體驗。

6.服務無微不至。

7.擬訂預算，創造最高利潤。

（三）相關業務推廣

1.訂定銷售價格與銷售策略。

2.折扣方式與優惠項目。

3.建立客戶檔案資料。

4.提高淡季期間的業務量。

（四）公共關係宣傳計畫

1.擬訂廣告計畫。

2.以獨特的套裝產品刺激吸引主要市場。

3.參加國內外有關旅遊業者之協會和旅展。

4.各種媒體記者間之互動。

5.處理投訴、報怨事項。

（五）訂房銷售控制工作

1.提高每位遊客之消費額與逗留時間。

2.列出年度淡旺季之行事日曆。

3.旺季房間之控制。

4.房間、餐飲之銷售技巧。

（六）常客維繫服務

1.建立常客（重遊客）資料檔案。

2.有計畫發送文宣資料與特殊節慶之邀約。

3.針對常客偏好，適時提供個案服務。

（七）美工設計佈置

1. 構思行銷海報之製作。
2. 房間與餐廳之佈置。
3. 活動會場之佈置。

二、電話銷售技巧

1. 注意接電話禮儀。
2. 耐心聽取詢問並詳細解釋。
3. 明列民宿銷售之農特產品與設備（可郵寄）。
4. 詳背交通狀況（地理位置、地圖準備妥當）。
5. 天氣（隨時注意氣象報告）：說明當地天候狀況。
6. 附近景點之距離：事先實際走一遍，並詳細記錄各景點路段、距離、時間。
7. 客滿狀況下之應變：善意告知旅客延期預訂或不得已情形下轉介至鄰近民宿。
8. 租車服務：預先告知各項價格明細。
9. 房租、房型明細。
10. 討價還價之技術：儘量不要降低售價，以贈送自種農產品的方式抬高本身價值。
11. 接送服務之收費。
12. 寵物之安排。
13. VIP之接待作業程序。

第3節 民宿之行銷策略

民宿之行銷策略除了傳統之 4P：產品策略、訂價策略、通路

策略、推廣策略外，尚需包括經營管理策略與整體行銷策略，方構成完整之行銷策略。

一、經營管理策略

行銷經營管理包括內部行銷、外部行銷與互動行銷之管理：

（一）內部行銷

指民宿經營者必須有效訓練和鼓勵顧客來跟自己的員工接觸，以服務精神來滿足遊客。

（二）外部行銷

指民宿經營者對服務所需的產品、價格、通路與促銷進行妥當的準備。

（三）互動行銷

指民宿員工（含解說員）與遊客接待時，所具備的服務技巧。

二、民宿的行銷策略

民宿的行銷策略包括內部行銷與外部行銷策略：

（一）內部行銷

1.加強員工在職訓練。
2.安排員工觀摩活動。
3.內部激勵制度。
4.內部作業以手冊方式進行作業標準（SOP）的服務系統化。
5.工作輪調制度，讓每位員工熟悉每一部門工作，成為民宿經營的尖兵。

（二）外部行銷

1.產品策略。

2.通路策略。

3.價格策略。

4.促銷策略。

三、民宿的產品策略

（一）核心產品

產品能提供給顧客的利益或效用的部分：

1.能體驗到農舍的鄉土風味。

2.能到田園採果種菜。

3.能到溪中捉蝦戲水。

4.能體驗農村生活。

（二）有形產品

民宿的硬體設備、民宿的名號、民宿的建築風格及民宿的裝潢設計。

（三）加值產品

特色民宿、媽媽私房菜的鄉土口味、人文與自然景觀資源、生動富教育性的解說、身歷其境的體驗活動、富地方色彩的紀念物等，構成經營上最有競爭力的武器。

四、民宿的訂價策略

（一）影響訂價的基本因素

影響訂價的基本因素有下列五項：

1.產品性質。
2.需要性質。
3.成本性質。
4.競爭狀況。
5.有關政府法令規定。

（二）價位策略

1.需要符合經營效益，反應成本。
2.需要回應市場趨勢，比較同業市場。
3.需要配合供需法則，考慮量與價之互動。
4.需要保留部分彈性空間，但要遵行支配原則。
5.需要明確告知消費者，避免產生混淆製造糾紛。

（三）訂價策略

民宿之訂價常採行下列之八種策略：

1.高價策略。
2.低價策略。
3.心理因素訂價法。
4.習慣性或便利性價格。
5.折扣價格。
6.領導價格與追隨價格。
7.單一價格與彈性價格。

8.產品線價格。

（四）價格戰與非價格戰

1.**新加入者的滲透策略**：以高品質、中價位進入原有高階層的市場，以量（平時淡季）制價，藉以獲取高的市場占有率。

2.**產品組合的價格策略**：民宿的套裝行程即是。

3.**差別價格策略**：針對不同的目標市場，或不同顧客群，或不同時段採取不同價格，亦即針對不同市場區隔，用不同的價格，以獲取更多的銷售量。

五、民宿的通路策略

　　行銷通路具有配合休閒農業政策，作為推廣活動的管道及收集市場情況，回饋行銷策略之訂定等二項功能。

（一）垂直性整合行銷通路（洪子豪，2002）

1.**總體性的垂直行銷通路**：通路上從生產到銷售皆屬於相同的業主所擁有。例如：

(1)生產方式有茶山、魚池、果園等等。

(2)銷售方面有民宿、餐廳、當地遊覽等等。

2.**合約性的垂直行銷通路**：通路上的企業體，皆屬於獨立的個體，以合約的方式，在合約的約束之下，統合成一體的行銷通路。

(1)向上整合策略：例如與上游的企業（果農、茶農、養殖業）合作或互相投資。

(2)向下整合策略：例如下游的企業（餐廳、租車業、遊樂園、溫泉業）合作或互相投資。

(3)參加國內休閒民宿協會策略聯盟。

（二）水平性整合行銷通路

1.同業結盟：二家或多家相同產業因目標市場相同而結盟行
銷。

2.異業結盟：二家或多家以上不同產業因消費性有關聯且能互
補互助因而聯盟成共同行銷通路。

（三）民宿的通路

民宿的通路近年來越來越多元化，除了傳統通路外，也有休閒
產業特有之通路：

1.自有通路。

2.農漁會及鄉鎮系統。

3.觀光旅遊系統（套裝行程、主題之旅）。

4.教育活動系統（各級學校、社團）。

5.文化資產系統（如古蹟文史工作室）。

6.生態保育系統（如賞鳥學會、賞蝶學會）。

7.人文社團系統（如長青社、扶輪社、心靈協會）。

六、民宿的推廣策略

民宿的推廣策略包括一般廣告、人員推銷、各式之促銷活動，
以及近年來興起之公共關係推廣策略：

（一）廣告

1.產品廣告：

(1)開拓性廣告。

(2)競爭性廣告。

　　(3)維持性廣告。

2.**非產品廣告**：間接以產業形象與溝通技巧達到廣告效果：

　　(1)形象廣告。

　　(2)信心廣告。

　　(3)溝通廣告。

3.**廣告媒體**：廣告媒體非常多元，最常使用者如下所列：

　　(1)報紙。

　　(2)雜誌。

　　(3)直接信函。

　　(4)店頭廣告。

　　(5)目錄。

　　(6)貼紙。

　　(7)小冊子。

　　(8)電視。

　　(9)多媒體。

　　(10)網路行銷。

　　(11)定位路牌。

　　(12)公路路牌。

　　(13)招牌。

（二）人員推銷

1.**人員推銷的種類**：

　　(1)內部銷售人員。

　　(2)外部銷售人員。

　　(3)電話行銷。

　　(4)團體銷售。

2.**銷售力管理**：

　　(1)銷售目標的選定與建立。

(2)決定銷售力規模。

(3)銷售人員的招募與遴選。

(4)銷售人員的訓練。

(5)銷售人員的薪酬。

(6)銷售人員的激勵。

（三）促銷活動

1.消費者促銷：最常使用有下列幾種：

(1)折價券。

(2)集點券。

(3)優惠經常性使用者。

(4)現金折扣。

(5)贈品。

(6)特價品優待。

(7)顧客競賽遊戲。

(8)抽獎、摸彩等等。

2.中間商促銷：包括：

(1)佣金。

(2)津貼。

(3)抽成。

(4)推展獎金。

(5)數量折扣。

(6)累積折扣。

(7)銷售競賽。

（四）公共關係

1.口碑宣傳：透過優質來客，建立良好口碑，是最佳之推廣行
銷策略。

2.社會參與回饋性活動。

3.愛心活動。

4.體育活動。

5.政府活動（觀光節、旅遊節、民俗節慶等）。

6.學校公關。

7.社區公關。

8.公司行號公關。

第4節　民宿的行銷推廣企劃

　　民宿的行銷推廣企劃需隨時掌握休閒產業未來行銷趨勢，並運用各種行銷策略，培養有信心與專業之銷售人員，設計具有特色風格之行銷媒介，更重要的是規劃具有市場吸引力之套裝遊程，以吸引消費者，達到行銷之目標。

一、休閒產業未來行銷趨勢

1.加強包裝。

2.聯盟行銷：分同業聯盟與異業聯盟。

3.觀光資源的整合：觀光資源需協調到共用才具有效益。

4.專業技能教育訓練：接受農委會或鄉公所舉辦的訓練班培訓。

5.在地組織化：成立共用的服務中心。

6.官方與業者之充分溝通。

二、行銷手段之運用

1.節慶的運用。

2.農村自然環境或農作的運用。

3.價格策略。

4.策略聯盟的運用。

5.建立良性循環的品牌。

三、個人特質之培養

1.充滿好奇心，願追求新知識。

2.對生命有愛心，對萬物會尊重。

3.豐富的想像力與創造力。

4.具有組織的能力。

5.言行幽默愉悅。

6.具自信心。

7.具服務熱忱。

四、行銷推廣實務演練

1.簡介製作：設備、交通（地圖）、臨近景點。

2.名片運用：個人名片、店卡。

3.訂單製作：農產品訂單、客房訂單、餐飲訂單。

4.銷售管道之尋找：顧客是誰、其特性、有何需求。

5.同業結盟：同地區民宿聯合促銷。

6.異業結盟：信用卡發行銀行、百貨公司、婚紗禮服公司及航空公司等。

7.產品之包裝。

8.優惠券之製作與發放。

9.旺季之訂房作業。

10.重要客人之接待。

11.付款作業。

12.佣金計算。

13.餐廳作業：無餐廳時如何應變。

14.菜單製作。

15.顧客檔案整理。

16.如何報價。

17.農產品包裝內容。

五、推廣成功的主要關鍵因素

1.安全、清潔、衛生的設備：基本的服務是主要推展的方向。

2.親切、純樸、互動的服務：無形的口碑。

3.自然、寧靜、質樸的感受：保留原始自然的感覺。

4.新奇、另類、體驗的活動：引起顧客參與的好奇心。

5.地方、民俗、文化的饗宴：結合地方節慶、民俗活動。

六、 DM 之設計製作

民宿的文宣用品大多採用宣傳單、小冊子、宣傳信函及訂購單。 DM 之製作以民宿主人之意見爲依歸，美工人員設計好後給予業者推廣宣傳使用，並可刊登於網頁上。

七、套裝行程組合設計

套裝行程（package）是由企劃人員根據本身的產品與同業或異業做結合的旅遊行程，一般價格比單項訂房或訂位便宜，如：同業結盟之花東假期（花蓮民宿＋台東民宿）、異業結盟之精緻假期（民宿＋觀光列車，或民宿＋觀光巴士）。

第 5 節　民宿的網路行銷

民宿因屬副業小規模經營，不適宜花費太多廣告宣傳費用，同

時亦無專業行銷推廣人力，提升包裝產品價值，目前主要客源仍是靠口碑行銷，隨著高科技產業電子商務的盛行，網路行銷提供產品促銷的新管道，快速且無遠弗屆，直接與顧客對話又節省成本，乃成為民宿行銷之新趨勢。

一、網路行銷之特色（李慧珊，2003）

網路行銷具有帶給消費者方便、資訊取得容易迅速、減少印刷品成本、即時行銷及與消費者建立迅速溝通管道等等優點。目前多數民宿業者紛紛設立屬於本身的網站，用以服務消費者。尤以重視行銷與服務的民宿休閒產業來說，更是一項不可多得的利器。網路行銷具備有以下幾項特色：

（一）全球性

傳統的媒體只能達到區域性的宣傳，範圍受到很大的限制。而運用網際網路則有不受限於空間的優勢，達到無國界、地域等行銷效果。

（二）無時間性

網路宣傳效果是 24 小時存在的，無所謂的營業時間及受限於一般宣傳的時間性，故所有的資訊可達到即時性。

（三）經濟效益強

運用網際網路媒體行銷可以運用較便宜的預算達到最佳的效果，只要曝光網站選擇得當，所得到的效果將成倍數發展。相對於高價位的傳統媒體，網路行銷是目前一個很好的選擇。

（四）具備多媒體能力

網路行銷可採用文字、圖片、影像及聲音等來宣傳，其表現能

力及對消費者的吸引力要一般傳統平面媒體傑出許多。

（五）互動性高

消費者與民宿業者間可藉由網路即時的傳播，於網路上進行討論及意見交換。這種開放性的網路社群討論將可增加行銷的擴散作用。

二、網路行銷運用於民宿之優點

1. 商品便於整合，民宿業者可運用網路整合所有休閒產業商品，達到銷售一致性。
2. 可直接於線上訂房及使用自動回覆系統，降低人事成本。
3. 可藉由招攬網路客源進行有效蒐集客戶資料，作為日後宣傳之用。
4. 可即時用網路進行促銷及活動介紹，彌補平面廣告及新聞稿之時效性不足之缺失。
5. 可透過電子郵件的便利傳遞性，加強活動宣傳，並加強品牌形象。
6. 可有效收取訂房保證金，增加客戶入住機率。
7. 便於市場調查工作進行，可隨時取得有效名單及問卷進行民宿與顧客間之市場調查，有效提升民宿形象及作為民宿經營策略及服務之改進指標。

三、民宿網路行銷之機能組合

網路行銷對於觀光休閒產業之衝擊不僅僅是銷售的通路而已，更可透過行銷機能的組合達到最大的效益。藉由這些機能的組合，構築整體民宿經營的所有消費訊息，以達到行銷目的，從產品、價格、通路及促銷等，架起民宿業者運用網際網路的經營策略。民宿網路行銷的機能組合（陳佩君，2003）分述如下：

（一）產品

　　指將民宿住宿設施或服務提供於網路網頁上，藉由文字、圖片或動畫的呈現，引起消費者關注，進而促使其利用閒暇消費休閒住宿遊憩，以達到休閒娛樂之目的。例如民宿業者提供的基本住宿設施或結合農林漁牧三生體驗活動規劃之套裝行程，如半日遊、一日遊等，展現其產品多樣化、內容豐富及便捷等。

（二）價格

　　由於網路行銷資訊取得容易，使得產品競爭可能加速，業者得視產品的性質、成本及需求的大小，並兼顧競爭者的狀況以訂定價格，亦可採取優惠的折價訊息以增加吸引消費者。

（三）通路

　　行銷通路在於民宿業者能充分應用網路特性，適時適當地將產品的訊息傳遞給消費者，因此必須將民宿產銷的聯絡方式、路線及相關觀光休閒產業的網路連接，以最明確、快速的方式讓消費者了解。

（四）促銷或推廣

　　促銷在於如何幫助消費者了解民宿的產品，一般經由媒體或公關活動等方式為之，故民宿建置網頁時可將活動促銷快訊，透過橫幅廣告（banner）或電子報傳閱等為之。

（五）設備呈現

　　民宿應充分展現住宿設施的特色，以吸引消費者的參觀，故將園區的設備介紹、風景據點呈現，甚至以隨選視訊的動畫展現，最主要的是要能誘發消費者的遊玩動機。

（六）服務過程

民宿主人的經營理念與服務品質是民宿最引人關注的地方，如何能讓顧客覺得受重視，可利用網頁預先讓消費者感受到，故舉凡預約服務、常見問答集等，都應以顧客的需求為考量，甚至提供消費者生活上的情報，如氣象預報、遊玩地方特產及民俗等，都是以打動顧客的心為主要訴求。

（七）人員

民宿亦可應用網頁刊登人才招募或人力資源狀況，來說明民宿對於人才的重視，以呈現民宿的用心經營與服務品質。

第 14 章

民宿經營相關法規

我國觀光產業如旅行業、觀光旅館、觀光遊樂業等，均先以法令明定經營許可與管理規範，且多屬營利事業、公司組織財團專業化經營，民宿在國內逐步發展，為觀光產業相關法規中，首次容許以個人自有房舍、副業經營之產業，本章即就民宿法規制定、設立申請與基本要件、民宿建築與消防、衛生設備，及民宿經營者之義務與責任加以探討，對於準備或正在經營民宿者，應就法令規範面衡量永續經營各面向之課題。

第 1 節　民宿法規訂定之緣起與主管機關

民宿已成為政府許可合法經營之觀光產業，民宿經營者應遵從公部門立法宗旨，改善現有建築物與設施，向主管機關申請登記合法經營。

一、民宿法規訂定之緣起

國內尚未有民宿法規前，休閒農業及原住民體系已有部分農民、原住民從事民宿之經營，在風景特定區、國家公園內及各觀光景點亦有不少人將空置之房舍改建或以新建樓房出租旅客住宿，惟此類民宿經營水準參差不齊，亦缺乏完善之管理制度，亟須導入正軌，健全其發展。

(一)「民宿管理辦法草案初稿」的擬訂

交通部觀光局為配合辦理行政院「促進東部地區產業發展計畫」執行計畫第 5-1-2 案「研訂民宿管理相關規定」案，經會商中央及地方政府相關機關與教授專家學者，擬具「民宿管理辦法草案初稿」，並就有關民宿之主管機關、設置地區、經營規模、建築、消防設施基準及課稅標準等問題，提報「行政院觀光發展推動小組委

員會議」，並與財政部、經濟部、內政部、農業委員會、原住民委員會、法務部等相關機關共同商議，經行政院「觀光發展推動小組」第34次委員會會議確定民宿管理上之重要原則。（附錄一）

（二）以「發展觀光條例」為根據

另為協助提供我國加入世界貿易組織（WTO）後農村經濟發展契機，乃依當時的行政院張院長指示，以前瞻性眼光輔導民宿經營，俾活絡農村、山村地區經濟，減輕加入WTO後對農業衝擊之原則，配合實際管理上需要，根據「發展觀光條例」第25條第3項之授權規定，擬訂「民宿管理辦法」，藉以釐清民宿之定位，使有心經營有所遵循，並匡正假借民宿名義行違規經營旅館之風，期透過輔導管理體系之建制，輔導提升民宿品質，促進農業休閒、山地聚落觀光產業發展，提供旅客另類旅遊住宿之選擇。（附錄二）

二、訂定「民宿管理辦法」之目的及依據

1. 依據「發展觀光條例」第25條第3項規定授權訂定（90.12.12發布）。
2. 訂定目的為「有效運用資源，提供旅客鄉野生活體驗，促進觀光產業發展，提升民宿住宿品質」。
3. 明定民宿輔導管理適用之法令。

三、民宿主管機關

民宿之主管機關，在中央為交通部，在直轄市為直轄市政府，在縣（市）為縣（市）政府。（「民宿管理辦法」第4條）

第2節　民宿之設立申請與基本要件

　　民宿為有別於旅館之住宿選擇，其申請與條件必須與旅館有所區別，民宿應有其特殊具備要件，才不致影響旅館經營市場，在設置地點需考量區位與建築物條件，並依程序向相關單位提出申請。

一、民宿的定義

　　依據「發展觀光條例」第2條第9款及「民宿管理辦法」第3條規定，民宿係指利用自用住宅空閒房間，結合當地人文、自然景觀、生態、環境資源及農林漁牧生產活動，以家庭副業方式經營，提供旅客鄉野生活之住宿處所。

二、民宿目前允許設置地點（「民宿管理辦法」第5條）

　　1.風景特定區。

　　2.觀光地區。

　　3.國家公園區。

　　4.原住民地區。

　　5.偏遠地區。

　　6.離島地區。

　　7.經農業主管機關核發經營許可登記證之休閒農場或經農業主管機關劃定之休閒農業區。

　　8.金門特定區計畫自然村。

　　9.非都市土地。

　　並須符合上述各區之相關土地使用分區管制規定。

三、民宿登記要件（申請者具備要件）（第 10 條）

1. 建築物使用用途以住宅為限。但位於原住民保留地、經農業主管機關核發經營許可登記證之休閒農場、經農業主管機關劃定之休閒農業區、觀光地區、偏遠地區及離島地區之特色民宿，並得以農舍供作民宿使用。
2. 由建築物實際使用人自行經營。但離島地區經當地政府委託經營之民宿不在此限。
3. 不得設於集合住宅。
4. 不得設於地下樓層。

四、申請程序

（一）申請流程

經營民宿者，應先填寫申請書檢附相關文件，向當地主管機關申請登記，並繳交證照費，領取民宿登記證及專用標識後，始得開始經營（參閱圖 **14-1** 及圖 **14-2**）

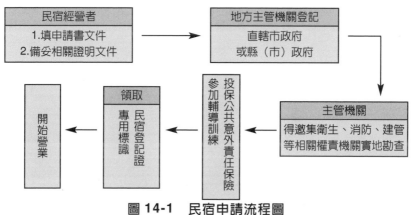

圖 14-1　民宿申請流程圖
資料來源：本書作者整理。

休閒農業民宿

```
                          ┌─────────────┐
                          │   申請人     │
                          └──────┬──────┘
                                 ↓
┌ ─ ─ ─ ─ ─ ─ ┐     ┌──────────────────────────────┐
 可向當地縣市政      │ 依民宿管理辦法規定先行評估是否符合第 │
│府觀光主管機關│┄┄┄ │ 5、6、10 條有關當地土地使用管制、客 │
 洽詢                │ 房數、建築物使用規範且無第 11 條規定情 │
└ ─ ─ ─ ─ ─ ─ ┘     │ 事                             │
                    └───────────────┬──────────────┘
                                     ↓
                    ┌──────────────────────────────┐
                    │ 依民宿管理辦法第 7、8 條規定,進行建築 │
                    │ 物之設施、消防安全設備改善           │
                    └───────────────┬──────────────┘
                                     ↓
                    ┌──────────────────────────────┐
                    │ 填具申請書表,檢附民宿管理辦法第 13 條 │
                    │ 文件,向當地縣(市)政府觀光主管機關     │
                    │ 提出申請                         │
                    └───────────────┬──────────────┘
                                     ↓
┌──────────────┐   ┌──────────────────────────────┐
│ 依第 16 條規定書 │←─│ 觀光主管機關初核申請資料是否齊全      │
│ 面通知申請人限   │   │        (形式審查)             │
│ 期補正          │   └───────────────┬──────────────┘
└──────┬───┬───┘                    ↓
       ↓   ↓                                              ┌──────────┐
┌────────┐┌────────┐┌──────────────────────────────┐   │ 不符發展   │
│ 未依限   ││ 依限補  ││ 觀光主管機關簽會建管、消防、都計、地 │   │ 觀光條例   │
│ 補件或   ││ 件齊全  ││ 政、國家公園、警察、農業、原住民(無關│→ │ 或民宿管   │
│ 補件仍   ││        ││ 單位免簽會)等相關主管機關審核       │   │ 理辦法規   │
│ 不齊全   │└───┬────┘└───────────────┬──────────────┘   │ 定且無法   │
│         │     └→                   ↓                   │ 改善      │
└────┬───┘                                               └─────┬────┘
     ↓                ┌──────────────────────────────┐         ↓
┌────────┐           │ 通知申請人繳納證照費              │   ┌──────────┐
│ 觀光主管 │           │ (新台幣 1,000 元整)           │   │ 觀光主管   │
│ 機關依第 │           └───────────────┬──────────────┘   │ 機關依第   │
│ 17 條規定│                            ↓                   │ 17 條規定  │
│ 敘明     │           ┌──────────────────────────────┐   │ 敘明理由   │
│ 理由書面 │           │ 核發民宿登記證及專用標識           │   │ 書面駁回   │
│ 駁回     │           └──────────────────────────────┘   └──────────┘
└────────┘
```

圖 14-2　民宿登記流程參考圖

資料來源:交通部觀光局。

（二）須檢附文件（第13條）

1.申請書（詳見**表14-1**）。
2.土地使用分區證明文件影本（申請之土地爲都市土地時檢附）。
3.最近三個月內核發之地籍圖謄本及土地登記（簿）謄本。
4.土地同意使用之證明文件（申請人爲土地所有權人時免附）。
5.建築物使用執照影本或實施建築管理前合法房屋證明文件。
6.建物登記（簿）謄本或其他房屋權利證明文件。
7.責任保險契約影本。
8.民宿外觀、內部、客房、浴室及其他相關經營設施照片。
9.其他經地方主管機關指定之文件。

（三）民宿登記證應記載下列事項（第14條）

1.民宿名稱。
2.民宿地址。
3.經營者姓名。
4.核准登記日期、文號及登記證編號。
5.其他經主管機關指定事項。

五、不得經營民宿之規定（第11條）

1.無行爲能力人或限制行爲能力人。
2.曾犯「組織犯罪防制條例」、「毒品危害防制條例」或「槍砲彈藥刀械管制條例」規定之罪，經有罪判決確定者。
3.經依「檢肅流氓條例」裁處感訓處分確定者。
4.曾犯「兒童及少年性交易防制條例」第22條至第31條、「刑法」第十六章防害性自主罪、第231條至235條、第240

表 14-1　民宿登記申請書

一、受文者：＿＿＿＿＿＿＿＿＿ 政府（觀光主管機關）

二、主旨：謹依「發展觀光條例」暨「民宿管理辦法」規定，向 貴府申請民宿登記，茲檢附相關資料如下，敬請 惠予核准。

三、申請人：

姓名：＿＿＿＿＿＿＿＿ 性別：□男 □女 生日：□□年□□月□□日

身分證統一編號：□□□□□□□□□□ 現職：＿＿＿＿＿＿＿

電話：住家＿＿＿＿＿＿ 辦公室＿＿＿＿＿＿ 行動電話：＿＿＿＿＿

郵遞區號：□□□

地址：　縣 鄉市 村 　　路　　　　　　　
　　　　市 鎮 里 鄰 街 段 巷 弄 號

四、民宿基本資料：【詳見表 14-2】

五、檢附文件：【依民宿管理辦法第 13 條規定應提出之文件】

1 □土地使用分區證明文件影本（申請之土地為都市土地時檢附，正本繳驗後發還）

2 □最近三個月內核發之地籍圖謄本 及 □土地登記（簿）謄本

3 □土地同意使用之證明文件（申請人為土地所有權人時免附）

4 □建物登記（簿）謄本 或 □其他房屋權利證明文件

5 □建築物使用執照影本 或 □實施建築管理前合法房屋證明文件

6 □責任保險契約影本（正本繳驗後發還）

7 □民宿外觀□內部□客房□浴室 及 □其他相關經營設施照片（以 A4 紙張黏貼加註說明）

8 □其他經當地主管機關指定之文件（參考備註）＿＿＿＿＿＿＿＿＿＿
＿＿＿＿＿＿＿＿＿＿＿＿＿＿＿＿＿＿＿＿＿＿＿＿＿＿＿
＿＿＿＿＿＿＿＿＿＿＿＿＿＿＿＿＿＿＿＿＿＿＿＿＿＿＿

申請人：＿＿＿＿＿＿ 簽章（檢附身分證件影本，正本繳驗後發還）

代理人：＿＿＿＿＿＿ 簽章（檢附委託書）

聯絡電話：＿＿＿＿＿＿＿＿＿

申請日期：＿＿＿＿＿ 年＿＿＿＿ 月＿＿＿＿ 日

備註： 1.位於實施都市計畫範圍內（都市土地）之民宿，須提出係位於風景特定區、觀光地區、原住民地區、偏遠地區、離島地區、經農業主管機關核發經營許可登記證之休閒農場、經農業主管機關劃定之休閒農業區、金門特定區計畫自然村之說明資料或證明文件。

2.以農舍供作民宿使用者，須提出係位於原住民保留地、經農業主管機關核發經營許可登記證之休閒農場、經農業主管機關劃定之休閒農業區、觀光地區、偏遠地區或離島地區之說明資料或證明文件。

3.客房數 6 至 15 間之民宿，經營者除備註(2)資料外，並須提出符合當地縣（市）政府認定特色民宿之說明資料或證明文件。

4.縣（市）政府得視實際需要要求檢附客房平面圖。

資料來源：交通部觀光局。

表14-2 民宿基本資料表

民宿名稱：		英文：
電話：	傳真：	網址：
經營者姓名：	性別：□男 □女	生日：□□年□□月□□日
身分證統一編號：□□□□□□□□□□		行動電話：
教育程度：		現職：
民宿地址：□□□　　縣市　鄉鎮市　村里鄉　　路街　段巷弄　　號		
所屬警察機關：　　　分駐（派出）所		用水來源：
總樓層：共　層 總房間數：合計　間		啓用日期：民國　年 最近裝修日期：民國　年　月
區位	□非都市土地　□國家公園區（勾選） □_____之都市土地（詳申請書備註二）	使用分區或用地類別： _____
建物 （勾選）	使用用途：□住宅 　　　　　□農舍（詳申請書備註二）	
客房	合計　　間　　　　　總容納人數：　　　人　　總樓地板面積：　　　平方公尺	
	位處樓層及面積：（附圖，客房6-15間者詳申請書備註三） 第__層__號客房，___平方公尺；第__層__號客房，___平方公尺 第__層__號客房，___平方公尺；第__層__號客房，___平方公尺 第__層__號客房，___平方公尺；第__層__號客房，___平方公尺 第__層__號客房，___平方公尺；第__層__號客房，___平方公尺 第__層__號客房，___平方公尺；第__層__號客房，___平方公尺 第__層__號客房，___平方公尺；第__層__號客房，___平方公尺 第__層__號客房，___平方公尺；第__層__號客房，___平方公尺 第__層__號客房，___平方公尺	
	收費標準：（實際收費不得高出訂價，訂價變更時應向當地主管機關報備） __人房__間（□大／小床、□通鋪），平日__間人／元，假日__間人／元，□附衛浴 __人房__間（□大／小床、□通鋪），平日__間人／元，假日__間人／元，□附衛浴 __人房__間（□大／小床、□通鋪），平日__間人／元，假日__間人／元，□附衛浴 __人房__間（□大／小床、□通鋪），平日__間人／元，假日__間人／元，□附衛浴 __人房__間（□大／小床、□通鋪），平日__間人／元，假日__間人／元，□附衛浴	
備註：【經營特色介紹或其他收費說明】		

資料來源：交通部觀光局。

條至第 243 條或第 298 條之罪，經有罪判決確定者。

5.曾經判處有期徒刑 5 年以上之刑確定，經執行完畢或赦免後未滿 5 年者。

六、民宿之名稱

民宿之名稱，不得使用與同一直轄市、縣（市）內其他民宿相同之名稱。（第 12 條）

第 3 節　民宿建築與消防設備、衛生之法規

民宿經營為供不特定對象住宿體驗，故其衛生安全標準必須提升至公共安全之等級，且民宿以自用住宅為營業場所，故對建築物、消防設備及衛生條件亦須加強安全逃生、公共衛生之要求。

一、民宿經營規模（第 6 條）

民宿之經營規模有別於旅館，屬小而美精緻型之住宿，故在營業性質、面積大小、房間數量及特色民宿均有依消防、建築、賦稅與公平性而有特別規定。

（一）民宿之經營性質

民宿之經營，係將自用住宅空閒房間提供旅客住宿，屬家庭副業性質，與一般商業行為有別。

（二）民宿之面積範圍

參酌內政部營建署函頒「供公眾使用建築物」之範圍，有關非實施都市計畫地區總樓地板面積在 300 平方公尺以上之旅館類屬供公眾使用建築物之範圍，扣除經營者自住與客廳、廚房、通道等區

域面積。

（三）民宿之房間數

目前民宿之房間數規定在 5 間以下，客房總樓地板面積並不得超過 150 平方公尺為原則。

（四）特色民宿

位於原住民保留地、經農業主管機關核發經營許可登記證之休閒農場、經農業主管機關劃定之休閒農業區、觀光地區、偏遠地區及離島地區之特色民宿，得以客房數 15 間以下，且客房總樓地板面積 200 平方公尺以下之規模經營之。偏遠地區及特色項目，由當地主管機關認定，報請中央主管機關備查後實施。

二、民宿建築物設施、消防設備與經營設施基準

（一）民宿建築物之設施

民宿建築物之設施應符合下列規定：（第7條）

1. 內部牆面及天花板之裝修材料應使用不燃材料、耐火板或耐燃材料。但有下列各款規定之一者，不在此限：
   (1) 以其樓地板面積每 100 平方公尺以防煙壁區劃者。
   (2) 以其樓地板面積每 300 平方公尺範圍以通達樓板或屋頂之防火牆及防火門窗區劃分隔者。
2. 分間牆之構造未達規定之防火時效者，得以不燃材料或耐火板裝修其牆面替代之。
3. 走廊構造及淨寬規定：
   (1) 利用原有走廊修改，一側為外牆時，其寬度不得小於 75 公分。

(2)新增設之走廊淨寬不得小於 90 公分。

(3)走廊內部以不燃材料裝修。

4.地面層以上每層之居室樓地板面積超過 200 平方公尺或地下層面積超過 200 平方公尺者,其樓梯及平台淨寬為 1.2 公尺以上;該樓層之樓地板面積超過 240 平方公尺者,應自各該層設置 2 座以上之直通樓梯。未符合上開規定者,依下列規定改善:

(1)建築物屬防火構造者,其直通樓梯應為防火構造,內部並以不燃材料裝修。

(2)增設直通樓梯除淨寬度為 90 公分以上外,依下列規定辦理增建:

A.應為安全梯。

B.不計入建築面積及各層樓地板面積。但增加之面積不得大於原有建築面積十分之一或 30 平方公尺。

C.不受鄰棟間隔、前院、後院及開口距離有關規定之限制。

D.高度不得超過原有建築高度加 3 公尺,亦不受容積率之限制。

5.「民宿管理辦法」第 6 條第 1 項但書規定地區建築物之設施基準,依建築技術規則有關住宅之規定檢討。

(二)民宿之消防安全設備

民宿之消防安全設備應符合下列規定: (第 8 條)

1.每間客房及樓梯間、走廊應裝置緊急照明設備。

2.設置火警自動警報設備,或於每間客房內設置住宅用火災警報器。

3.配置即可使用之滅火器 2 具以上,分別固定放置於取用方便

之明顯處所，有樓層建築物者，每層應至少配置 1 具以上。

（三）民宿之經營設施

民宿之經營設施應符合下列規定：（第 9 條）

1.客房及衛浴設備應具良好通風及有直接採光或充足光線。
2.供應冷、熱水及清潔用品。
3.經常維護環境之衛生及整潔，避免蚊、蠅、蟑螂、老鼠及其他妨害衛生之病媒及孳生原。
4.飲用水水質應符合飲用水水質標準。

第 4 節　民宿經營者之義務與責任

從自家住宅改變為住宿營業用途，從農、林、漁、牧生產屬性提升為服務屬性產業，角色定位與責任義務亦大不相同，故對從事民宿經營者風險之規避及對服務遊客消費權益之保障，是政府制定「民宿管理辦法」時必須考量之課題，從法令規範來釐清權責，同時賦予民宿經營者協助住客就醫、加強緊急應變處理之責任。

一、民宿經營者之義務

（一）投保責任保險

1.每一個人身體傷亡：新台幣 200 萬元。
2.每一事故身體傷亡：新台幣 1,000 萬元。
3.每一事故財產損失：新台幣 200 萬元。
4.保險期間總保險金額：新台幣 2,400 萬元。

如保險範圍及最低金額，地方自治法規有對消費者保護較有利

之規定者，從其規定。

（二）報備客房訂價、公開標示房價及標示緊急避難圖

1. 民宿客房之訂價，由經營者自行訂定，並報請當地主管機關備查；變更時亦同。民宿之實際收費不得高於報請當地主管機關備查之訂價。
2. 民宿經營者應將房間價格、旅客住宿須知及緊急避難逃生位置圖，置於客房明顯光亮之處。

（三）懸掛證照、辦理旅客登記與協助就醫

1. 民宿經營者應將民宿登記證置於門廳明顯易見處，並將專用標識（**圖14-3**）置於建築物外部明顯易見之處。
2. 民宿經營者應備置旅客資料登記簿，將每日住宿旅客資料依式登記備查，並傳送該管派出所，該旅客登記簿保存期限為1年。

圖 14-3　民宿專用標識

3.民宿經營者發現旅客罹患疾病或意外傷害情況緊急時，應即協助就醫；發現旅客疑似感染傳染病時，並應即通知衛生醫療機構處理。

二、民宿經營者之責任

（一）民宿經營者禁止行為

1.以叫囂、糾纏旅客或以其他不當方式招攬住宿。
2.強行向旅客推銷物品。
3.任意哄抬收費或以其他方式巧取利益。
4.設置妨害旅客隱私之設備或從事影響旅客安寧之任何行為。
5.擅自擴大經營規模。

（二）民宿經營者應遵守事項

1.確保飲食衛生安全。
2.維護民宿場所與四周環境整潔及安寧。
3.供旅客使用之寢具，應於每位客人使用後換洗，並保持清潔。
4.辦理鄉土文化認識活動時，應注重自然生態保護、環境清潔、安寧及公共安全。

（三）民宿經營者通報事項

民宿經營者發現旅客有下列情形之一者，應即報請該管派出所處理。

1.有危害國家安全之嫌疑者。
2.攜帶槍械、危險物品或其他違禁物品者。
3.施用煙毒或其他麻醉藥品者。

4.有自殺跡象或死亡者。

5.有喧嘩、聚賭或為其他妨害公眾安寧、公共秩序及善良風俗之行為，不聽勸止者。

6.未攜帶身分證明文件或拒絕住宿登記而強行住宿者。

7.有公共危險之虞或其他犯罪嫌疑者。

（四）定期陳報營運狀況與參加輔導訓練

1.民宿經營者，應於每年1月及7月底前，將前半年每月客房住用率、住宿人數、經營收入統計等資料，依式陳報當地主管機關，當地主管機關應於次月底前，陳報交通部觀光局。

2.民宿經營者，應參加主管機關舉辦或委託有關機關、團體辦理之輔導訓練。

三、民宿經營者違反發展觀光條例及民宿管理辦法之裁罰

1.未領取民宿登記證而經營民宿者，處新台幣3萬元以上15萬元以下罰鍰，並禁止其經營。

2.民宿經營者未投保責任保險，限於一個月內投保，屆期未辦理者，處新台幣3萬元以上15萬元以下罰鍰，並得廢止其登記證。

3.民宿經營者經受停止經營或廢止登記證之處分，未繳回民宿專用標識或未經主管機關核准擅自使用民宿專用標識者，處新台幣3萬元以上15萬元以下罰鍰，並勒令其停止使用及拆除之。

4.民宿經營者有玷辱國家榮譽、損害國家利益、妨害善良風俗或詐騙旅客行為者，處新台幣3萬元以上15萬元以下罰鍰。

5.民宿客房之實際收費高於報請當地主辦備查或標示之客房訂

價者，處新台幣 1 萬元以上 5 萬元以下罰鍰。

6.民宿經營者未將房價、旅客住宿須知及避難逃生位置圖，置於客房明顯光亮之處者，處新台幣 1 萬元以上 5 萬元以下罰鍰。

7.民宿經營者未將民宿登記證置於門廳易見處，或未將專用標識置於建築物外部明顯易見之處者，處新台幣 1 萬元以上 5 萬元以下罰鍰。

8.民宿經營者以叫嚷、糾纏旅客或以其他不當方式招攬住宿者，處新台幣 1 萬元以上 5 萬元以下罰鍰。

9.民宿經營者強行向旅客推銷物品者，處新台幣 1 萬元以上 5 萬元以下罰鍰。

10.民宿經營者任意哄抬收費或以其他方式巧取利益者，處新台幣 1 萬元以上 5 萬元以下罰鍰。

11.民宿經營者設置妨礙隱私之設備或從事影響旅客安寧之任何行為者，處新台幣 1 萬元以上 5 萬元以下罰鍰。

12.民宿經營者擅自擴大經營規模者，處新台幣 1 萬元以上 5 萬元以下罰鍰。

詳細規範請參考「民宿經營者違反發展觀光條例及民宿管理辦法裁罰標準表」(**附錄三**)。

第 15 章
民宿面臨的問題及努力方向

　　近年來國內民宿發展，除政府輔導與各地自行投入經營，面臨自身資金投入與專業智能之提升課題外，從政府管理、市場商業秩序與經營誠信，亦面臨諸多課題，諸如合法登記、過度開發衝擊生態環境、基地區位適法性、建物違規使用、農舍開放經營民宿等尚待克服解決之課題，除公部門跨部會協調研商解決外，對於永續經營與未來努力方向，為民宿發展急需努力解決與面對之課題。

第1節　民宿面臨之問題

一、民宿經營面臨之問題

　　隨著政府推動觀光休閒產業，各地方爭相投入經營民宿，使民宿在近一兩年間，如雨後春筍般林立。然因經營理念及服務觀念的差異，導致民宿品質良莠不齊。綜觀國內民宿在經營上所面臨之共通性的問題有：

1.規模小，較沒競爭力，僅是陪襯。

2.人力不足，鄉村環境留不住青壯人口。

3.財務不健全，經濟力不足。

4.服務品質良莠不齊，旺季敲詐遊客事件時有所聞。

5.專業知識與技能不足，大多是農民出身，沒有經營管理概念。

6.沒有特定的立基與訴求、資源特色之認定等，需要專業人士指導。

7.沒有組織，民宿組織化需靠地方人士協助整合。

8.行銷推廣能力不足，無法包裝產品提升價值。

二、民宿管理面臨之問題

（一）民宿合法化之問題

　　根據「民宿管理辦法」，民宿申請合法化必須符合規定之設置地點、規模、地目建照、消防建管等項目。經交通部觀光局及相關單位的努力與協調，管理辦法中之規模及引述相關消防、建管法規部分爲經營者較易配合之項目，符合土地使用分區及建築執照乃是棘手問題。目前經營者有在農地或山坡保育地建造房舍經營民宿，有的民宿雖位於建地，卻未取得建築使用執照。故符合土地使用分區與建物使用執照取得，成爲民宿經營者在申請合法程序中最大的問題，也是管理單位面臨之課題。

（二）違法濫墾濫建對環境及生態之衝擊

　　部分民宿經營者在河川行水區、山坡保育地等地質敏感地帶濫墾或擅自擴充濫建，只爲營利，罔顧環境，造成土石流或危險建築之生態浩劫。

（三）部分投機行爲影響民宿形象

　　部分民宿經營者抱持投機心態，以劣質的設施利用旺季住宿需求，任意哄抬房價，或有網路詐欺情形，不但影響消費權益，亦損及民宿形象。

三、民宿申請登記所遭遇之困難

（一）民宿設置區位問題

　　民宿設置區域之規定係爲與都會地區旅館設置區域相區隔，然有台北縣、南投縣、台中縣政府等認爲烏來、石碇、南投市郊區、

豐原市郊區等因位於都市計畫範圍，又非屬第 5 條所列其他地區者，縱有美景及農業生產活動可供體驗，卻無法申請民宿登記，十分可惜。

（二）國家公園容許民宿設置規定未全部完成公告問題

內政部各國家公園保護利用管制原則尚在通盤檢討修訂中，各區內（如墾丁地區）民宿尚無法提出申請。

（三）建築物違規問題

1.建築物本身為違建，且因位於山坡地、水源水質水量保護區或其他不得建築地區，無法補領執照。

2.建築物本身為違建，雖位於可供建築用地，因容積率、建蔽率不符規定等因素，無法補領執照。

3.違章建築改善成本過高，業者無補領執照意願。

4.建物補照須先繳納 6 萬元以上罰款，並須花費建築師簽證費用，業者不願申請。

（四）農舍全面開放供民宿使用之問題

目前內政部地政司僅開放部分地區非都市農舍供作民宿使用，許多位於非都市土地，而不在原住民保留地、經農業主管機關核發經營許可登記證之休閒農場、經農業主管機關劃定之休閒農業區、觀光地區、偏遠地區及離島地區之農舍，無法申請民宿登記。

（五）申請人無法取得土地同意使用證明文件問題

1.承租林務局暫准建地房舍，雖合法建築且有合法租賃契約，惟林務局不同意其申請民宿登記，致嘉義阿里山、花蓮縣金針山、六十石山及其他林班地上房舍無法依「民宿管理辦法」提出申請。

2.承租國有林地非暫准建地房舍，建物無法取得建照。

四、民宿面臨問題具體解決措施

第一，關於「民宿管理辦法」第 5 條第 5 款及第 6 條第 1 項之「偏遠地區」，原係依立法說明逕依「促進產業升級條例」授權經濟部訂定之「公司投資於資源貧瘠或發展遲緩地區適用投資抵減辦法」所規定之地區，鑑於「民宿管理辦法」係「發展觀光條例」授權訂定，二者立法目的不同，是以，其認定回歸第 6 條第 2 項規定：「前項偏遠地區及特色項目，由當地主管機關認定，報請中央主管機關備查後實施。」故請各縣市政府宜就未來依「民宿管理辦法」第 6 條第 2 項自行認定「偏遠地區」乙項，先行斟酌轄區具民宿體驗之人文、自然景觀、生態、環境資源及農林漁牧生產活動資源特色地區，自行認定轄內之偏遠地區。

第二，內政部營建署已提供國家公園容許民宿設置規定資料，目前太魯閣、雪霸、金門國家公園業已公告實施修正國家公園計畫保護利用管制原則；墾丁、陽明山、玉山國家公園亦正檢討修正中。

第三，行政院原住民族委員會已針對原住民地區民宿土地及建築物合法困境，擬訂「原住民民宿經營輔導合法化方案」，以輔導原住民民宿合法經營，該輔導模式將作為其他具有發展觀光潛力地區旅館及民宿輔導範例。

第四，目前農委會及內政部地政司已就農舍開放供民宿使用之可行性進行研究。

第五，有關林班地供「暫准建地」使用之租地，林務局已計畫研商如何妥適處理，以符時空背景變遷。目前「暫准建地」倘供登記作民宿，仍應先解除林班後，變更非公用，移交於予國產局管理，始得為之。

五、無法申請登記後續處理對策

符合「發展觀光條例」第 2 條第 9 款及「民宿管理辦法」第 3 條關於民宿定義，經營民宿且未辦理登記者，以違規民宿論處；反之依違規旅館業查處。

第 2 節　民宿未來努力方向

民宿新興觀光產業，已成為國內休閒旅遊住宿選擇之一，但要朝永續經營與優質化發展，仍有諸多成長努力空間，從公部門落實民宿管理制度，輔導具民宿特質與要件且有心經營者，取得民宿登記證，建立民宿整體品質形象；民宿經營者應效力提升客房基本設施與安全、服務管理，結合區域資源營造特色，強化解說導覽與餐飲品質提升，鼓勵青年返鄉深根經營，帶動地方、社區農、林、漁、牧產業發展，延續本土文化傳承，才能使民宿產業永續發展。

一、特色營造與行銷策略

民宿結合當地餐飲特色，提供價位合理的住宿設施，豐富的自然、人文資源與頗負名氣的節慶活動，為都會區遊客放鬆身心休閒之最佳去處，從宜蘭民宿研究結果發現，民宿仍以「環境優美」（特殊自然景觀）及「主人親切」最具吸引力，建議民宿經營者未來在既有之優勢基礎上，結合資源與體驗活動，培養餐飲、藝文園藝等專長技術，營造自身特色，並朝深度、定點旅遊方向，異業結盟、豐富內容，規劃套裝主題遊程；行銷策略上，除致力「房務經營」與「基本設施」管理、提升服務品質穩住口碑客源外，可加強網路行銷，並採平日與假日價格差異策略，以延長遊客住宿天數與滯留時間，增加消費。

二、加強安全、客房基本設施管理，提升競爭優勢

　　民宿要有特色才能吸引遊客，而根據觀光局歷年來華旅客統計，台灣吸引外國觀光客的主要原因為中華美食、人民的友善、景觀等要項，正與遊客選擇宜蘭地區民宿原因「環境優美」、「主人親切」相呼應，也是民宿住宿體驗有別於旅館之特色，從研究發現，遊客對民宿「基本設施」重視程度又以「安全、客房備品、設施」為最，建議民宿業者應加強消防、緊急照明等安全設施項目，並注重客房基本供應、清潔衛生之品質，以建立顧客忠誠度，營造民宿美食、親切、景觀、主客觀特色，民宿不再僅是吸納旅館客滿後之遊客，而是有別於旅館之住宿選擇，提升競爭優勢。

三、著重餐飲解說導覽專業技能研習，提升服務品質

　　民宿的發展緣起於 B&B 的經營方式，並結合觀光資源及農林漁牧三生的體驗活動，從宜蘭地區民宿遊客的「服務」項目評價，著重「早餐的提供或安排」、「諮詢服務」及「晚午餐的提供或安排」三項，建議民宿經營者對自身經營技能研習方面，應著重在餐飲及解說導覽方面，運用當地資源研究開發特色餐飲，及整理民宿鄰近景點簡介資料並提供諮詢或導覽服務，使服務品質更趨精緻，藉以提升市場競爭力。

四、民宿發展應盡力維持生產、生活、生態型態，降低環境生態衝擊

　　民宿結合自然環境景觀，相較於旅館經營範疇為最具之競爭優勢條件之一，從研究發現，遊客對民宿環境景觀評價最重視為「室內外美綠化造景」、「庭院環境景觀」等項目，建議在民宿經營發展上，應考量不改變原農林漁牧生產、生活、生態形式，勿過度以

遊客為導向追求商業利益，而造成當地人文特色與環境資源生態之
衝擊，依現在「民宿管理辦法」利用空餘房間副業經營方式有其必
要性，避免投入太多資金的過度開發與破壞，同時應衡量地區發展
需求及總量管制配合措施，避免同一地區未具特色民宿同質性過高
或供過於求。

五、落實管理制度，建立民宿品牌形象

民宿由於結合豐富觀光資源、休閒農業推展及觀光遊憩體驗活
動及當地辦理節慶、活動宣傳推廣得宜，成為吸引遊客之新興行
業，隨著觀光休閒產業之蓬勃發展，也帶動許多居民爭相投入民宿
經營之行列，惟部分經營者觀念之差異或有投機心態，或有非法旅
館假民宿之名經營情形，避免劣幣驅逐良幣，影響遊客對整體民宿
形象，政府應依「民宿管理辦法」規範之定義、設立條件、區位等
要件，嚴加取締不符要件之劣質民宿，積極輔導具民宿特質與要件
經營者取得民宿登記證，以建立民宿整體品質形象。

六、建立民宿等級區分或評鑑制度

隨著國人的消費能力增加、對休閒活動的重視、遊憩機會的倍
增，對於住宿與服務品質的重視也與日俱增。目前國內民宿發展快
速，素質參差不齊，遊客如體驗劣質之民宿，恐將損及整體民宿形
象，建議可參考國內學者對民宿評價之研究及國外實施民宿分級制
度，建立國內民宿等級區分或評鑑制度，不僅可供遊客選擇民宿之
參考，辨識民宿之良莠，對民宿業者經營績效提升上亦有所助益。

七、國外成功範例之借鏡

國外的民宿早已發展多年，像歐美、紐澳、德國、英國等地，
尤其是臨近台灣的日本，民宿產業更是發達。由此可見，越是先進
的國家，民宿似乎越是發達，小而美的鄉村度假民宿，環境品質

佳、景觀優美，而且價格合理，加上清淨、溫馨、舒適，且有家的
溫馨感覺而深受大眾喜愛。日本民宿發展其實可以成為台灣很好的
發展借鏡。從山上到海邊，各具特色的民宿分布在日本的鄉村社
區，成為很重要的人文觀光資源。

八、保存當地之資源特色，發展優質民宿

　　台灣的鄉村有豐富的資源、優美的環境和濃濃的人文特色，不
但提供國人度假旅遊，更讓國外友人輕易發現台灣之美，進而體驗
鄉村生活。與其讓觀光區過度開發建設，不如好好保存當地原有之
資源及特色。所以民宿的發展將影響著台灣的未來，因為民宿的經
營者是當地資源的守護者，而更因為有民宿精緻的經營，旅遊度假
的內容將會更豐富且有深度，可見優質的鄉村民宿將成為未來的度
假新寵兒。文化大學景觀學系系主任郭瓊瑩教授曾在報上發表一篇
重要的文章〈發展風土旅遊，重啟觀光生機〉中，就明白地指出，
結合地方自然與人文資源的文化之旅猶待推動，而且應走向以風土
資源永續發展為主軸之觀光產業。而民宿其實是風土旅遊的推動
者，更是打造「綠色矽島」的尖兵、綠色生活的實踐與推動者。

九、鼓勵人才回鄉，提升休憩品質

　　農委會輔導處的處長邱湧忠博士，在其著作《休閒農業經營學》
中，提及日本的金山町在1973年時發展民宿，為促進農村活性化
與城鄉交流，政府提供融資以供借貸，民宿戶繳付利息3％，超過
部分由町公所負擔。另外在1989年金山町為減緩人口外流，獎勵
青年人留在農村就業、結婚、生子、定居，政府還給予獎勵金，鼓
勵青年回鄉。台灣的鄉村沒有就業機會，人力資源嚴重外流，擁有
許多珍貴的天然資源，卻僅能任其蕭瑟落寞。如果能夠突破傳統的
窠臼思維，用前瞻性的觀念來制定一個良好且可行的鄉村民宿發展
政策，將能造福台灣子民，有效提升台灣的度假品質，提升生活品

味和旅遊內涵。擴大國內的旅遊內需必須要從塑造地域魅力開始，民宿其實扮演著當地的旅遊服務中心，民宿的主人是當地的旅遊經紀人和資源的整合者。所以民宿的發展是一個很重要的發展契機，給留在鄉村的人多一條發展之路，我們將會有更寬廣的天空，因為民宿像是大家共同擁有的鄉村別墅，讓大家有更多的鄉村度假空間和體驗鄉村生活的去處。

十、保育環境資源，發展永續觀光

豐富的自然資源呈現，告訴我們台灣福爾摩沙是一個珍貴資源，處處可見多樣性的生物及生態資源，如果能妥善規劃我們珍貴的環境，然後永續經營，努力發展真正屬於台灣的民宿，台灣將更具旅遊魅力。值得稱許的是交通部觀光局、農委會和原住民委員會等單位都已經正視輔導民宿發展之問題，未來民宿業者將更努力地發展屬於自己的特色，保存當地的珍貴資源，讓大家永續共享台灣之美。（吳乾正，2004）

附録

附錄一　民宿管理辦法

（中華民國 90 年 12 月 12 日交通部（90）交路發第 00094 號令發布實施）

第一章　總則

第一條　本辦法依發展觀光條例第二十五條第三項規定訂定之。

第二條　民宿之管理，依本辦法之規定；本辦法未規定者，適用其他有關法
　　　　令之規定。

第三條　本辦法所稱民宿，指利用自用住宅空閒房間，結合當地人文、自然
　　　　景觀、生態、環境資源及農林漁牧生產活動，以家庭副業方式經
　　　　營，提供旅客鄉野生活之住宿處所。

第四條　民宿之主管機關，在中央為交通部，在直轄市為直轄市政府，在縣
　　　　（市）為縣（市）政府。

第二章　民宿之設立申請、發照及變更登記

第五條　民宿之設置，以下列地區為限，並須符合相關土地使用管制法令之
　　　　規定：

　　　　一、風景特定區。

　　　　二、觀光地區。

　　　　三、國家公園區。

　　　　四、原住民地區。

　　　　五、偏遠地區。

　　　　六、離島地區。

　　　　七、經農業主管機關核發經營許可登記證之休閒農場或經農業主管
　　　　　　機關劃定之休閒農業區。

　　　　八、金門特定區計畫自然村。

　　　　九、非都市土地。

第六條　民宿之經營規模，以客房數五間以下，且客房總樓地板面積一百

317

五十平方公尺以下為原則。但位於原住民保留地、經農業主管機關核發經營許可登記證之休閒農場、經農業主管機關劃定之休閒農業區、觀光地區、偏遠地區及離島地區之特色民宿，得以客房數十五間以下，且客房總樓地板面積二百平方公尺以下之規模經營之。

前項偏遠地區及特色項目，由當地主管機關認定，報請中央主管機關備查後實施。並得視實際需要予以調整。

第七條　民宿建築物之設施應符合下列規定：

一、內部牆面及天花板之裝修材料、分間牆之構造、走廊構造及淨寬應分別符合舊有建築物防火避難設施及消防設備改善辦法第九條、第十條及第十二條規定。

二、地面層以上每層之居室樓地板面積超過二百平方公尺或地下層面積超過二百平方公尺者，其樓梯及平台淨寬為一點二公尺以上；該樓層之樓地板面積超過二百四十平方公尺者，應自各該層設置二座以上之直通樓梯。未符合上開規定者，依前款改善辦法第十三條規定辦理。

前條第1項但書規定地區之民宿，其建築物設施基準，不適用前項之規定。

第八條　民宿之消防安全設備應符合下列規定：

一、每間客房及樓梯間、走廊應裝置緊急照明設備。

二、設置火警自動警報設備，或於每間客房內設置住宅用火災警報器。

三、配置滅火器兩具以上，分別固定放置於取用方便之明顯處所；有樓層建築物者，每層應至少配置一具以上。

第九條　民宿之經營設備應符合下列規定：

一、客房及浴室應具良好通風、有直接採光或有充足光線。

二、須供應冷、熱水及清潔用品，且熱水器具設備應放置於室外。

三、經常維護場所環境清潔及衛生，避免蚊、蠅、蟑螂、老鼠及其

他妨害衛生之病媒及孳生源。

四、飲用水水質應符合飲用水水質標準。

第十條　民宿之申請登記應符合下列規定：

一、建築物使用用途以住宅為限。但第六條第 1 項但書規定地區，並得以農舍供作民宿使用。

二、由建築物實際使用人自行經營。但離島地區經當地政府委託經營之民宿不在此限。

三、不得設於集合住宅。

四、不得設於地下樓層。

第十一條　有下列情形之一者不得經營民宿：

一、無行為能力人或限制行為能力人。

二、曾犯組織犯罪防制條例、毒品危害防制條例或槍砲彈藥刀械管制條例規定之罪，經有罪判決確定者。

三、經依檢肅流氓條例裁處感訓處分確定者。

四、曾犯兒童及少年性交易防制條例第二十二條至第三十一條、刑法第十六章妨害性自主罪、第二百三十一條至第二百三十五條、第二百四十條至第二百四十三條或第二百九十八條之罪，經有罪判決確定者。

五、曾經判處有期徒刑五年以上之刑確定，經執行完畢或赦免後未滿五年者。

第十二條　民宿之名稱，不得使用與同一直轄市、縣（市）內其他民宿相同之名稱。

第十三條　經營民宿者，應先檢附下列文件，向當地主管機關申請登記，並繳交證照費，領取民宿登記證及專用標識後，始得開始經營。

一、申請書。

二、土地使用分區證明文件影本（申請之土地為都市土地時檢附）。

三、最近三個月內核發之地籍圖謄本及土地登記（簿）謄本。

四、土地同意使用之證明文件（申請人為土地所有權人時免附）。

五、建物登記（簿）謄本或其他房屋權利證明文件。

六、建築物使用執照影本或實施建築管理前合法房屋證明文件。

七、責任保險契約影本。

八、民宿外觀、內部、客房、浴室及其他相關經營設施照片。

九、其他經當地主管機關指定之文件。

第十四條　民宿登記證應記載下列事項：

一、民宿名稱。

二、民宿地址。

三、經營者姓名。

四、核准登記日期、文號及登記證編號。

五、其他經主管機關指定事項。

民宿登記證之格式，由中央主管機關規定，當地主管機關自行印製。

第十五條　當地主管機關審查申請民宿登記案件，得邀集衛生、消防、建管等相關權責單位實地勘查。

第十六條　申請民宿登記案件，有應補正事項，由當地主管機關以書面通知申請人限期補正。

第十七條　申請民宿登記案件，有下列情形之一者，由當地主管機關敘明理由，以書面駁回其申請：

一、經通知限期補正，逾期仍未辦理。

二、不符發展觀光條例或本辦法相關規定。

三、經其他權責單位審查不符相關法令規定。

第十八條　民宿登記證登記事項變更者，經營者應於事實發生後十五日內，備具申請書及相關文件，向當地主管機關辦理變更登記。

當地主管機關應將民宿設立及變更登記資料，於次月十日前，向交通部觀光局陳報。

第十九條　民宿經營者，暫停經營一個月以上者，應於十五日內備具申請

書，並詳述理由，報請該管主管機關備查。

前項申請暫停經營期間，最長不得超過一年，其有正當理由者，得申請展延一次，期間以一年為限，並應於期間屆滿前十五日內提出。

暫停經營期限屆滿後，應於十五日內向該管主管機關申報復業。

未依第 1 項規定報請備查或前項規定申報復業，達六個月以上者，主管機關得廢止其登記證。

第二十條　民宿登記證遺失或毀損，經營者應於事實發生後十五日內，備具申請書及相關文件，向當地主管機關申請補發或換發。

第三章　民宿之管理監督

第二十一條　民宿經營者應投保責任保險之範圍及最低金額如下：

　　　　　　一、每一個人身體傷亡：新台幣二百萬元。

　　　　　　二、每一事故身體傷亡：新台幣一千萬元。

　　　　　　三、每一事故財產損失：新台幣二百萬元。

　　　　　　四、保險期間總保險金額：新台幣二千四百萬元。

　　　　　　前項保險範圍及最低金額，地方自治法規如有對消費者保護較有利之規定者，從其規定。

第二十二條　民宿客房之定價，由經營者自行訂定，並報請當地主管機關備查；變更時亦同。

　　　　　　民宿之實際收費不得高於前項之定價。

第二十三條　民宿經營者應將房間價格、旅客住宿須知及緊急避難逃生位置圖，置於客房明顯光亮之處。

第二十四條　民宿經營者應將民宿登記證置於門廳明顯易見處，並將專用標識置於建築物外部明顯易見之處。

第二十五條　民宿經營者應備置旅客資料登記簿，將每日住宿旅客資料依式登記備查，並傳送該管派出所。

　　　　　　前項旅客登記簿保存期限為一年。

　　　　　　第 1 項旅客登記簿格式，由主管機關規定，民宿經營者自行印

製。

第二十六條　民宿經營者發現旅客罹患疾病或意外傷害情況緊急時，應即協
　　　　　　助就醫；發現旅客疑似感染傳染病時，並應即通知衛生醫療機
　　　　　　構處理。

第二十七條　民宿經營者不得有下列之行為：

一、以叫嚷、糾纏旅客或以其他不當方式招攬住宿。

二、強行向旅客推銷物品。

三、任意哄抬收費或以其他方式巧取利益。

四、設置妨害旅客隱私之設備或從事影響旅客安寧之任何行
　　為。

五、擅自擴大經營規模。

第二十八條　民宿經營者應遵守下列事項：

一、確保飲食衛生安全。

二、維護民宿場所與四周環境整潔及安寧。

三、供旅客使用之寢具，應於每位客人使用後換洗，並保持清
　　潔。

四、辦理鄉土文化認識活動時，應注重自然生態保護、環境清
　　潔、安寧及公共安全。

第二十九條　民宿經營者發現旅客有下列情形之一者，應即報請該管派出所
　　　　　　處理。

一、有危害國家安全之嫌疑者。

二、攜帶槍械、危險物品或其他違禁物品者。

三、施用煙毒或其他麻醉藥品者。

四、有自殺跡象或死亡者。

五、有喧嘩、聚賭或為其他妨害公眾安寧、公共秩序及善良風
　　俗之行為，不聽勸止者。

六、未攜帶身分證明文件或拒絕住宿登記而強行住宿者。

七、有公共危險之虞或其他犯罪嫌疑者。

第三十條　民宿經營者，應於每年一月及七月底前，將前半年每月客房住用率、住宿人數、經營收入統計等資料，依式陳報當地主管機關。

前項資料，當地主管機關應於次月底前，陳報交通部觀光局。

第三十一條　民宿經營者，應參加主管機關舉辦或委託有關機關、團體辦理之輔導訓練。

第三十二條　民宿經營者有下列情事之一者，主管機關或相關目的事業主管機關得予以獎勵或表揚。

　　一、維護國家榮譽或社會治安有特殊貢獻者。

　　二、參加國際推廣活動，增進國際友誼有優異表現者。

　　三、推動觀光產業有卓越表現者。

　　四、提高服務品質有卓越成效者。

　　五、接待旅客服務周全獲有好評，或有優良事蹟者。

　　六、對區域性文化、生活及觀光產業之推廣有特殊貢獻者。

　　七、其他有足以表揚之事蹟者。

第三十三條　主管機關得派員，攜帶身分證明文件，進入民宿場所進行訪查。

前項訪查，得於對民宿定期或不定期檢查時實施。

民宿經營者對於主管機關之訪查應積極配合，並提供必要之協助。

第三十四條　中央主管機關為加強民宿之管理輔導績效，得對直轄市、縣（市）主管機關實施定期或不定期督導考核。

第三十五條　民宿經營者違反本辦法規定者，由當地主管機關依發展觀光條例之規定處罰。

第四章　附則

第三十六條　民宿經營者申請設立登記之證照費，每件新台幣一千元；其申請換發或補發登記證之證照費，每件新台幣五百元。

因行政區域調整或門牌改編之地址變更而申請換發登記證者，免繳證照費。

第三十七條　本辦法所列書表、格式，由中央主管機關定之。

第三十八條　本辦法自發布日施行。

附錄二 發展觀光條例（與民宿相關條文摘錄）

（中華民國 92 年 6 月 11 日總統華總一義字第 09200106860 號增訂公布）

第二條　本條例所用名詞，定義如下：

　　　　九、民宿：指利用自用住宅空閒房間，結合當地人文、自然景觀、
　　　　　　生態、環境資源及農林漁牧生產活動，以家庭副業方式經營，
　　　　　　提供旅客鄉野生活之住宿處所。

第二十五條　主管機關應依據各地區人文、自然景觀、生態、環境資源及農
　　　　　　林漁牧生產活動，輔導管理民宿之設置。

　　　　　　民宿經營者，應向地方主管機關申請登記，領取登記證及專用
　　　　　　標識後，始得經營。

　　　　　　民宿之設置地區、經營規模、建築、消防、經營設備基準、申
　　　　　　請登記要件、經營者資格、管理監督及其他應遵行事項之管理
　　　　　　辦法，由中央主管機關會商有關機關定之。

第三十一條　觀光旅館業、旅館業、旅行業、觀光遊樂業及民宿經營者，於
　　　　　　經營各該業務時，應依規定投保責任保險。

　　　　　　旅行業辦理旅客出國及國內旅遊業務時，應依規定投保履約保
　　　　　　證保險。

　　　　　　前二項各行業應投保之保險範圍及金額，由中央主管機關會商
　　　　　　有關機關定之。

第三十七條　主管機關對觀光旅館業、旅館業、旅行業、觀光遊樂業或民宿
　　　　　　經營者之經營管理、營業設施，得實施定期或不定期檢查。

　　　　　　觀光旅館業、旅館業、旅行業、觀光遊樂業或民宿經營者不得
　　　　　　規避、妨礙或拒絕前項檢查，並應提供必要之協助。

第四十一條　觀光旅館業、旅館業、觀光遊樂業及民宿經營者，應懸掛主管

機關發給之觀光專用標識;其型式及使用辦法,由中央主管機關定之。

前項觀光專用標識之製發,主管機關得委託各該業者團體辦理之。

觀光旅館業、旅館業、觀光遊樂業或民宿經營者,經受停止營業或廢止營業執照或登記證之處分者,應繳回觀光專用標識。

第四十二條 觀光旅館業、旅館業、旅行業、觀光遊樂業或民宿經營者,暫停營業或暫停經營一個月以上者,其屬公司組織者,應於十五日內備具股東會議事錄或股東同意書,非屬公司組織者備具申請書,並詳述理由,報請該管主管機關備查。

前項申請暫停營業或暫停經營期間,最長不得超過一年,其有正當理由者,得申請展延一次,期間以一年為限,並應於期間屆滿前十五日內提出。

停業期限屆滿後,應於十五日內向該管主管機關申報復業。

未依第1項規定報請備查或前項規定申報復業,達六個月以上者,主管機關得廢止其營業執照或登記證。

第五十三條 觀光旅館業、旅館業、旅行業、觀光遊樂業或民宿經營者,有玷辱國家榮譽、損害國家利益、妨害善良風俗或詐騙旅客行為者,處新台幣三萬元以上十五萬元以下罰鍰;情節重大者,定期停止其營業之一部或全部,或廢止其營業執照或登記證。

經受停止營業一部或全部之處分,仍繼續營業者,廢止其營業執照或登記證。

觀光旅館業、旅館業、旅行業、觀光遊樂業之受僱人員有第1項行為者,處新台幣一萬元以上五萬元以下罰鍰。

第五十四條 觀光旅館業、旅館業、旅行業、觀光遊樂業或民宿經營者,經主管機關依第三十七條第1項檢查結果有不合規定者,除依相關法令辦理外,並令限期改善,屆期仍未改善者,處新台幣三萬元以上十五萬元以下罰鍰;情節重大者,並得定期停止其營

業之一部或全部；經受停止營業處分仍繼續營業者，廢止其營業執照或登記證。

經依第三十七條第 1 項規定檢查結果，有不合規定且危害旅客安全之虞者，在未完全改善前，得暫停其設施或設備一部或全部之使用。

觀光旅館業、旅館業、旅行業、觀光遊樂業或民宿經營者，規避、妨礙或拒絕主管機關依第三十七條第 1 項規定檢查者，處新台幣三萬元以上十五萬元以下罰鍰，並得按次連續處罰。

第五十五條　有下列情形之一者，處新台幣三萬元以上十五萬元以下罰鍰；情節重大者，得廢止其營業執照：

一、觀光旅館業違反第二十二條規定，經營核准登記範圍外業務。

二、旅行業違反第二十七條規定，經營核准登記範圍外業務。

有下列情形之一者，處新台幣一萬元以上五萬元以下罰鍰：

一、旅行業違反第二十九條第 1 項規定，未與旅客訂定書面契約。

二、觀光旅館業、旅館業、旅行業、觀光遊樂業或民宿經營者，違反第四十二條規定，暫停營業或暫停經營未報請備查或停業期間屆滿未申報復業。

三、觀光旅館業、旅館業、旅行業、觀光遊樂業或民宿經營者，違反依本條例所發布之命令。

未依本條例領取營業執照而經營觀光旅館業務、旅館業務、旅行業務或觀光遊樂業務者，處新台幣九萬元以上四十五萬元以下罰鍰，並禁止其營業。

未依本條例領取登記證而經營民宿者，處新台幣三萬元以上十五萬元以下罰鍰，並禁止其經營。

第五十七條　旅行業未依第三十一條規定辦理履約保證保險或責任保險，中央主管機關得立即停止其辦理旅客之出國及國內旅遊業務，並

限於三個月內辦妥投保,逾期未辦妥者,得廢止其旅行業執照。

違反前項停止辦理旅客之出國及國內旅遊業務之處分者,中央主管機關得廢止其旅行業執照。

觀光旅館業、旅館業、觀光遊樂業及民宿經營者,未依第三十一條規定辦理責任保險者,限於一個月內辦妥投保,屆期未辦妥者,處新台幣三萬元以上十五萬元以下罰鍰,並得廢止其營業執照或登記證。

第六十一條　未依第四十一條第三項規定繳回觀光專用標識,或未經主管機關核准擅自使用觀光專用標識者,處新台幣三萬元以上十五萬元以下罰鍰,並勒令其停止使用及拆除之。

附錄三　民宿經營者違反發展觀光條例及民宿管理辦法裁罰標準表

項次	裁罰事項	裁罰機關	裁罰依據	處罰範圍	裁罰標準		說明
一	未領取民宿登記證而經營民宿	直轄市或縣（市）政府	本條例第二十五條第二項、第五十五條第四項	處新台幣三萬元以上十五萬元以下罰鍰，並禁止其經營	房間數五間以下.	處新台幣三萬元，並禁止其經營	一、為保障合法民宿權益及旅客安全，並落實行政院院頒「維護公共安全方案」，凡違法經營規模越大，造成公權力損害越大，故依其違法經營之規模大小，作為處罰依據及罰度。 二、經主管機關查察有經營旅館之事實或房間數達十六間以上者，視同非法旅館處理。 三、民宿係屬登記制之行業，業者於申請經營前，須先向主管機關提出申請，經主管機關核准設立登記後，即核發民宿登記證及專用標識，以資證明其合法性。
					房間數六間至十間	處新台幣九萬元，並禁止其經營	
					房間數十一間至十五間	處新台幣十五萬元，並禁止其經營	
二	民宿經營者未投保責任保險，限於一個月內投保，屆期未辦理者	直轄市或縣（市）政府	本條例第三十一條第一項、第五十七條第三項民宿管理辦法第二十一條	處新臺幣三萬元以上十五萬元以下罰鍰，並得廢止其登記證	處新臺幣三萬元，並得廢止民宿登記證		一、為使意外事故所致體傷、殘廢或死亡之消費者，獲得基本保障，並維護遊客基本權益，明定民宿經營者未於限期內辦妥投保責任保險者之處罰依據及罰度。 二、違反情節已影響旅客權益，所造成之損害較大，應予較高罰度之處罰。

項次	裁罰事項	裁罰機關	裁罰依據	處罰範圍	裁罰標準		說明
三	民宿經營者經觀光主管機關實施定期或不定期檢查結果，有不合規定者	直轄市或縣（市）政府	本條例第五十四條第一項、第二項	檢查結果有不合規定者，經限期改善，處新台幣三萬元以上十五萬元以下罰鍰；情節重大者，並得定期停止其經營之一部或全部；經受停止經營處分仍繼續經營者，廢止其登記證；有不合規定且危害旅客安全之虞者，在未完全改善前，得暫停其設施或設備一部或全部之使用	不合規定，經限期改善，屆期仍未改善者	新台幣三萬元，並得停止民宿經營之一部或全部	民宿經營者經觀光主管機關實施定期或不定期檢查結果有不合規定，即有改善缺失之義務，故明定複查不合規定者，未於期限內改善之處罰依據及罰度。
					不合規定且危害旅客安全之虞者，在未完全改善前	處新台幣九萬，並得暫停民宿設施或設備一部或全部之使用	
					不合規定，限期改善，屆期仍未改善，情節重大者	處新台幣十二萬元，並得定期停止民宿經營之一部或全部	
					經受停止經營處分仍繼續經營者	處新台幣十五萬，並廢止民宿登記證	
四	民宿經營者規避、妨礙或拒絕主管機關實施定期或不定期檢查	直轄市或縣（市）政府	本條例第三十七條第二項、第五十四條第三項	處新台幣三萬元以上十五萬元以下罰鍰，並得按次連續處罰	規避主管機關檢查	處新台幣三萬元，並得按次連續處罰	民宿經營者依法不得規避、妨礙或拒絕主管機關檢查，並應提供必要之協助，明定民宿經營者違反本條例，除處以罰鍰外，並得按次連續處罰。
					妨礙主管機關檢查	處新台幣四萬元，並得按次連續處罰	
					拒絕主管機關檢查	處新台幣五萬元，並得按次連續處罰	

項次	裁罰事項	裁罰機關	裁罰依據	處罰範圍	裁罰標準		說明
五	民宿經營者經受停止經營或廢止登記證之處分，未繳回民宿專用標識或未經主管機關核准擅自使用民宿專用標識	直轄市或縣（市）政府	本條例第四十一條第三項、第六十一條	處新台幣三萬元以上十五萬元以下罰鍰，並勒令其停止使用及拆除之	未繳回民宿專用標識	處新台幣三萬元，並勒令民宿停止使用及拆除之	一、民宿專用標識係代表合法旅館，有其法定地位，並為旅客消費選擇之重要依據。 二、為保障旅客權益，明定民宿經營者違反本條例，除處以罰鍰外，並勒令其停止使用及拆除之。
					未經主管機關核准擅自使用民宿專用標識	處新台幣十五萬元，並勒令民宿停止使用及拆除之	
六	民宿經營者暫停經營一個月以上，未報請主管機關備查；或停業期限屆滿後，未於十五日內向該管主管機關申報復業；或停業期限屆滿後，未於十五日內申報復業，達六個月以上	直轄市或縣（市）政府	本條例第四十二條第二項、第三項、第五十五條第二項第二款民宿管理辦法第十九條第一項、第二項、第三項、第四項	處新台幣一萬元以上五萬元以下罰鍰	暫停經營一個月以上，未報請主管機關備查者	處新台幣一萬元	一、重申民宿經營者暫停營業之有關規定，使經營者明悉其義務，並明示向該管主管機關備查之重要性，明定民宿經營者違反本條例之裁罰依據。 二、民宿經營者向該管主管機關申報復業為必要之登記手續，經營者未於期限內辦理申報手續，一再延宕，足見其無視法律存在，應予以較重之處分，以彰顯公權力。
					暫停經營期間屆滿後，未於十五日內申報復業者	處新台幣一萬元	
					暫停經營期間屆滿後，未於十五日內申報復業，達六個月以上者	處新台幣五萬元，並得廢止其民宿登記證	
七	民宿經營者有玷辱國家榮譽、損害國家利益、妨害善良風俗或詐騙旅客行為	直轄市或縣（市）政府	本條例第五十三條第一項	處新台幣三萬元以上十五萬元以下罰鍰	詐騙旅客	處新台幣三萬元	一、新修正公布「發展觀光條例」已賦予旅館業法定地位，其經營行為良窳，攸關整體觀光產業形象，明定民宿經營者違反本條例之裁罰依據，以兼顧合法業者及旅客權益。 二、經主管機關認定其違反事件之行為，造成國家利益損害，且影響旅客消費權益甚鉅，情節重大者，依所造成損害之程度，予以定期停止其經營一部或全部，或廢止其登記證之處分。
					妨害善良風俗	處新台幣六萬元	
					玷辱國家榮譽	處新台幣九萬元	
					損害國家利益	處新台幣九萬元	
					情節重大者	處新台幣十五萬元，並定期停止其經營一部或全部，或廢止民宿登記證	

項次	裁罰事項	裁罰機關	裁罰依據	處罰範圍	裁罰標準		說明
八	民宿之經營設備違反民宿管理辦法第九條規定	直轄市或縣（市）政府	本條例第五十五條第二項第三款民宿管理辦法第九條	處新台幣一萬元以上五萬元以下罰鍰	處新台幣一萬元		為確保民宿住宿品質，民宿經營者應設有客房基本設施與配備，明定民宿經營者違反本條例及民宿管理辦法規定之裁罰依據。
九	民宿登記證遺失或毀損，經營者未於事實發生後十五日內，備具申請書及相關文件，向當地主管機關申請補發或換發	直轄市或縣（市）政府	本條例第五十五條第二項第三款民宿管理辦法第二十條	處新台幣一萬元以上五萬元以下罰鍰	處新台幣一萬元		為維護旅客辦識合法登記之民宿，明定民宿經營者違反本條例及民宿管理辦法規定之裁罰依據。
十	民宿客房之實際收費高於報請當地主辦備查或標示之客房定價	直轄市或縣（市）政府	本條例第五十五條第二項第三款民宿管理辦法第二十二條第一項、第二項	處新台幣一萬元以上五萬元以下罰鍰	高於報備價格未滿新台幣五百元者	處新台幣一萬元	為遏止民宿經營者於假日或旺季擅自抬高房價，嚴重影響旅客權益及市場公平原則，明定民宿經營者違反本條例及民宿管理辦法規定之裁罰依據。
					高於報備價格新台幣五百元以上未滿新台幣一千元者	處新台幣三萬元	
					高於報備價格新台幣一千元以上者	處新台幣五萬元	
十一	民宿經營者未將房價、旅客住宿須知及避難逃生位置圖，置於客房明顯光亮之處	直轄市或縣（市）政府	本條例第五十五條第二項第三款民宿管理辦法第二十三條	處新台幣一萬元以上五萬元以下罰鍰	未置房價	處新台幣一萬元	為保障旅客權益、維護旅客安全，避免消費爭議，明定民宿經營者違反本條例及民宿管理辦法規定之裁罰依據。
					未置旅客住宿須知	處新台幣二萬元	
					未置避難逃生位置圖	處新台幣三萬元	

項次	裁罰事項	裁罰機關	裁罰依據	處罰範圍	裁罰標準		說明
十二	民宿經營者未將民宿登記證置於門廳易見處,或未將專用標識置於建築物外部明顯易見之處	直轄市或縣(市)政府	本條例第五十五條第二項第三款民宿管理辦法第二十四條	處新台幣一萬元以上五萬元以下罰鍰	未將民宿登記證置於門廳易見處	處新台幣一萬元	為保障旅客權益及維護公共安全,明定民宿經營者違反本條例及民宿管理辦法規定之裁罰依據。
					未將專用標識置於建築物外部明顯易見之處	處新台幣一萬元	
十三	民宿經營者未備置旅客資料登記簿,將每日住宿旅客資料依式登記備查,並傳送該管派出所	直轄市或縣(市)政府	本條例第五十五條第二項第三款民宿管理辦法第二十五條第一項	處新台幣一萬元以上五萬元以下罰鍰	未備置旅客資料登記簿	處新台幣一萬元	一、為維護旅客住宿安全與權益,明定民宿經營者違反本條例及民宿管理辦法規定之裁罰依據。 二、違反情節所造成之損害較輕,爰依最低罰度處罰。
					未將每日住宿旅客資料依式登記備查	處新台幣一萬元	
					未將每日住宿旅客資料傳送該管派出所	處新台幣一萬元	
十四	民宿經營者發現旅客罹患疾病時或意外傷害情況緊急時,未協助就醫	直轄市或縣(市)政府	本條例第五十五條第二項第三款民宿管理辦法第二十六條	處新台幣一萬元以上五萬元以下罰鍰	旅客罹患疾病時,未協助就醫	處新台幣一萬元	一、為維護旅客權益,明定民宿經營者違反本條例及民宿管理辦法規定之裁罰依據。 二、違反情節所造成之損害較輕,爰依最低罰度處罰。
					旅客意外傷害情況緊急時,未協助就醫	處新台幣一萬元	
十五	民宿經營者以叫嚷、糾纏旅客或以其他不當方式招攬住宿	直轄市或縣(市)政府	本條例第五十五條第二項第三款民宿管理辦法第二十七條第一款	處新台幣一萬元以上五萬元以下罰鍰	以叫嚷方式招攬住宿	處新台幣一萬元	一、為維護旅客權益,避免不肖民宿經營者於旅遊旺季時,以不當方式招攬生意,造成外界對觀光產業負面之評價,明定民宿經營者違反本條例及民宿管理辦法規定之裁罰依據。 二、違反情節所造成之損害較輕,爰依最低罰度處罰。
					以糾纏旅客方式招攬住宿	處新台幣二萬元	
					以其他不當方式招攬住宿	處新台幣二萬元	

項次	裁罰事項	裁罰機關	裁罰依據	處罰範圍	裁罰標準		說明
十六	民宿經營者強行向旅客推銷物品	直轄市或縣（市）政府	本條例第五十五條第二項第三款民宿管理辦法第二十七條第二款	處新台幣一萬元以上五萬元以下罰鍰	處新台幣二萬元		一、為維護旅客權益，避免不肖民宿經營者於旅遊旺季時，以不當方式向旅客推銷物品，明定民宿經營者違反本條例及民宿管理辦法規定之裁罰依據。 二、違反情節所造成之損害較重，爰依較重之罰度處罰。
十七	民宿經營者任意哄抬收費或以其他方式巧取利益	直轄市或縣（市）政府	本條例第五十五條第二項第三款民宿管理辦法第二十七條第三款	處新台幣一萬元以上五萬元以下罰鍰	任意哄抬收費	處新台幣三萬元	一、為維護旅客權益，避免不肖民宿經營者於旅遊旺季時，以不當方式招攬生意，明定民宿經營者違反本條例及民宿管理辦法規定之裁罰依據。 二、違反情節所造成之損害較重，爰依較重之罰度處罰。
					以其他方式巧取利益	處新台幣三萬元	
十八	民宿經營者設置妨礙隱私之設備或從事影響旅客安寧之任何行為	直轄市或縣（市）政府	本條例第五十五條第二項第三款民宿管理辦法第二十七條第四款	處新台幣一萬元以上五萬元以下罰鍰	從事影響旅客安寧之任何行為	處新台幣二萬元	一、為維護旅客權益及民宿整體形象，明定民宿經營者違反本條例及民宿管理辦法規定之裁罰依據。 二、依違反情節所造成之損害輕重，爰依不同罰度處罰。
					設置妨礙隱私之設備	處新台幣五萬元	
十九	民宿經營者擅自擴大經營規模	直轄市或縣（市）政府	本條例第五十五條第二項第三款民宿管理辦法第二十七條第五款	處新台幣一萬元以上五萬元以下罰鍰	房間數五間以下	處新台幣三萬元	一、為保障合法登記者權益，及維護市場公平機制，明定民宿經營者違反本條例及民宿管理辦法規定之裁罰依據。 二、依違反情節所造成之損害輕重，予以不同之罰度處罰。 三、依民宿管理辦法規定，民宿經營之規模，限於十五間客房以內。
					房間數六間至十間	處新台幣四萬元	
					房間數十一間至十五間	處新台幣五萬元	

項次	裁罰事項	裁罰機關	裁罰依據	處罰範圍	裁罰標準	說明
二十	民宿經營者違反民宿管理辦法第二十八條事項	直轄市或縣（市）政府	本條例第五十五條第二項第三款民宿管理辦法第二十八條	處新台幣一萬元以上五萬元以下罰鍰	處新台幣一萬元	一、為使旅客有乾淨、安寧旅遊住宿環境，兼顧設置民宿地區附近居民安寧、自然生態保育及公共安全，明定民宿經營者違反本條例及民宿管理辦法規定之裁罰依據。 二、違反情節所造成之損害較輕，爰依最低罰度處罰。
二十一	民宿經營者未於每年一月及七月底前將半年每月客房使用率、住宿人數、經營收入統計等資料，依式陳報當地主管機關	直轄市或縣（市）政府	本條例第五十五條第二項第三款民宿管理辦法第三十條第一項	處新台幣一萬元以上五萬元以下罰鍰	處新台幣一萬元	為了解民宿產值動態，明定民宿經營者違反本條例及民宿管理辦法規定之裁罰依據。
二十二	民宿經營者未參加主管機關舉辦或有關機關、團體辦理之輔導訓練	直轄市或縣（市）政府	本條例第五十五條第二項第三款民宿管理辦法第三十一條	處新台幣一萬元以上五萬元以下罰鍰	處新台幣一萬元	為提升民宿經營者服務品質，明定民宿經營者違反本條例及民宿管理辦法規定之裁罰依據。
二十三	民宿經營者對於主管機關之訪查未積極配合，並提供必要之協助	直轄市或縣（市）政府	本條例第五十五條第二項第三款民宿管理辦法第三十三條第三項	處新台幣一萬元以上五萬元以下罰鍰	處新台幣一萬元	為確實掌握民宿經營動態，明定民宿經營者違反本條例及民宿管理辦法規定之裁罰依據。

附錄四　民宿相關法令 Q&A

一、什麼是「民宿」？

答：指利用自用住宅空閒房間，結合當地人文、自然景觀、生態、環境資源
　　及農林漁牧生產活動，以家庭副業方式經營，提供旅客鄉野生活之住宿
　　處所。（民宿管理辦法第 3 條）

二、經營民宿需要辦理登記嗎？

答：經營民宿不需要辦理營利事業登記證，但須向各縣市政府申請「民宿登
　　記證」及「專用標識」。（民宿管理辦法第 13 條）

三、申請經營民宿要向哪個單位提出？

答：當地縣市政府觀光單位。（民宿管理辦法第 4 條）

四、申請民宿登記要準備什麼資料？

答：(1)申請書；(2)土地使用分區證明文件影本（申請之土地為都市土地時檢
　　附）；(3)最近三個月內核發之地籍圖謄本及土地登記（簿）謄本；(4)土
　　地同意使用之證明文件（申請人為土地所有權人時免附）；(5)建物登記
　　（簿）謄本或其他房屋權利證明文件；(6)建築物使用執照影本或實施建
　　築管理前合法房屋證明文件；(7)責任保險契約影本；(8)民宿外觀、內
　　部、客房、浴室及其他相關經營設施照片；(9)其他經當地主管機關指定
　　之文件。（民宿管理辦法第 13 條）

五、縣市政府審查流程為何？

答：縣市政府觀光單位受理民宿申請，會先審查所附書表文件是否符合民宿
　　管理辦法規定（不符者請申請人補件），再採書面審查或實地勘查方式，
　　請建管、消防、地政等單位會同審查，符合規定，即通知申請人繳納證
　　照費 1,000 元，並領取民宿登記證及專用標識。申請特色民宿，申請人
　　則必須另外依據各縣市政府所訂特色民宿項目審查規定，備齊申請特色
　　項目相關文件，由縣市政府邀請產官學界代表組成審查小組，辦理現場

會勘,共同審定。(民宿管理辦法第15條、第16條、第6條)

六、辦理民宿登記有什麼好處?

答:辦理民宿登記經核准後,政府發給民宿登記證及專用標識,取得合法經營民宿權利,可連結政府網站,政府並會主動加以宣傳,輔導辦理相關研習訓練,以強化經營體質,提升服務品質,合法民宿並可加入公務人員國民旅遊卡刷卡特約商店。

七、未經申請核准就經營民宿會受到什麼處分?

答:依「發展觀光條例」規定,未領取民宿登記證而經營民宿者,處新台幣3萬元以上15萬元以下罰鍰,並禁止其經營。(發展觀光條例第55條)

八、民宿經營者什麼行為會受到處罰?

答:(1)有玷辱國家榮譽、損害國家利益、妨害善良風俗或詐騙旅客行為者,處新台幣3萬元以上15萬元以下罰鍰,情節重大者,定期停止其營業之一部或全部,或廢止其營業執照或登記證。經受停止營業之一部或全部之處分,仍繼續營業者,廢止其營業執照或登記證。(發展觀光條例第53條)

(2)經主管機關依「發展觀光條例」第37條第1項檢查結果有不合規定者,除依相關法令辦理外,並令限期改善,屆期仍未改善者,處新台幣3萬元以上15萬元以下罰鍰;情節重大者,並得定期停止其營業之一部或全部;經受停止營業處分仍繼續營業者,廢止其營業執照或登記證。經依「發展觀光條例」第37條第1項規定檢查結果,有不合規定且危害旅客安全之虞者,在未完全改善前,得暫停其設施或設備一部或全部之使用。規避、妨礙或拒絕主管機關依「發展觀光條例」第37條第1項規定檢查者,處新台幣3萬元以上15萬元以下罰鍰,並得按次連續處罰。(發展觀光條例第54條)

(3)違反「發展觀光條例」第42條規定,暫停營業或暫停經營未報請備查或停業期間屆滿未申報復業,或違反「發展觀光條例」所發布之命令,處新台幣3萬元以上15萬元以下罰鍰;情節重大者,得廢止其營業執照。(發展觀光條例第55條)

(4)未依「發展觀光條例」第41條第3項規定繳回觀光專用標識，或未經主管機關核准擅自使用觀光專用標識者，處新台幣3萬元以上15萬元以下罰鍰，並勒令其停止使用及拆除之。（發展觀光條例第61條）

九、什麼地區才可以申請設置民宿？

答：(1)風景特定區；(2)觀光地區；(3)國家公園區；(4)原住民地區；(5)偏遠地區；(6)離島地區；(7)經農業主管機關核發經營許可登記證之休閒農場或經農業主管機關劃定之休閒農業區；(8)金門特定區計畫自然村；(9)非都市土地。（民宿管理辦法第5條）

十、非都市土地範圍內有哪些用地類別及建築物容許經營民宿？

答：非都市土地範圍內甲種建築用地、乙種建築用地、丙種建築用地之住宅，及農牧用地、林業用地、養殖用地、鹽業用地之農舍允許經營民宿。（非都市土地使用管制規則第6條附表一）

十一、位於國有地也可以經營民宿嗎？

答：只要依法向國有財產局承租，檢具相關土地使用證明文件，領有建築物使用執照或實施建築管理前合法房屋證明文件之住宅或農舍，符合民宿管理辦法相關規定區域，均可提出民宿登記申請。

十二、民宿管理辦法中「觀光地區」、「偏遠地區」如何認定？

答：「觀光地區」係由各縣市政府協商確定範圍，併範圍內之觀光資源資料，函報交通部，由交通部觀光局依其環境特性，個案邀請專家學者、相關機關實地勘查，並會商各目的事業主管機關同意後，報請交通部公告指定。「偏遠地區」係指依「促進產業升級條例」第7條第2項授權訂定之「公司投資於資源貧瘠或發展遲緩地區適用投資抵減辦法」第2條規定之地區。（交通部91.06.10交路字第0910005664號函、交通部觀光局92.03.05觀賓字第0920006119號函）

十三、都市計畫農業區及保護區之建地能否申請設置民宿？

答：都市計畫農業區及保護區之建地，其允許作自用住宅使用，並能符合「民宿管理辦法」相關規定者，應可提供作民宿使用。（內政部營建署

92.06.12 營署都字第 0920031114 號函）

十四、都市計畫農業區、保護區之農舍得否申請民宿？

答：查「都市計畫法台灣省施行細則」第 27 條及第 29 條規定，於保護區或
　　農業區申請興建之農舍，係指供於各該保護區、農業區從事農業生產之
　　農民使用之自用住宅；復查「民宿管理辦法」第 3 條及第 10 條第 1 款規
　　定，民宿係指利用自用住宅空閒房間，結合當地人文、自然景觀、生
　　態、環境資源及農林漁牧生產活動，以家庭副業方式經營，提供旅客鄉
　　野生活之住宿處所，其建築物使用用途以住宅為限。準此，台灣省轄都
　　市計畫保護區、農業區之農舍得供民宿申請設置，並無疑義。（內政部
　　營建署 92.02.17 營署都字第 0920006816 號函）
　　位於原住民保留地、經農業主管機關核發經營許可登記證之休閒農場、
　　經農業主管機關劃定之休閒農業區、觀光地區、偏遠地區及離島地區始
　　得以農舍供作民宿使用，而非屬上開地區之農舍則無法供民宿申請設
　　置。（民宿管理辦法第 10 條）

十五、民宿可以經營多大規模？

答：以客房數 5 間以下，且客房總樓地板面積 150 平方公尺以下為原則，但
　　位於原住民保留地、經農業主管機關核發經營許可登記證之休閒農場、
　　經農業主管機關劃定之休閒農業區、觀光地區、偏遠地區及離島地區之
　　特色民宿，得以客房數 15 間以下，且客房總樓地板面積 200 平方公尺以
　　下之規模經營之。（民宿管理辦法第 6 條）

十六、什麼建築物可以經營民宿？

答：符合「民宿管理辦法」規定之地區內「住宅」及位於原住民保留地、經
　　農業主管機關核發經營許可登記證之休閒農場、經農業主管機關劃定之
　　休閒農業區、觀光地區、偏遠地區及離島地區之「農舍」都可以經營民
　　宿。（民宿管理辦法第 10 條）

十七、早期建築的建築物沒有使用執照也可以申請經營民宿嗎？

答：在實施建築管理前的建築物，只要能提出建築執照、建物登記證明、未
　　實施建築管理地區建築物完工證明書、載有該建築物資料之土地使用現

況調查清冊或卡片之謄本、完納稅捐證明、繳納自來水費或電費證明、戶口遷入證明、地形圖、都市計畫現況圖、都市計畫禁建圖、航照圖或政府機關測繪地圖其中一項，就可以申請經營民宿。（內政部 89.04.24 台八九內營字第 8904763 號函）

十八、實施建築管理後（約民國 73 年）未申請建築執照就自行建築的建築物可以申請民宿嗎？

答：沒有申請建築執照、使用執照的建築物，須向當地縣市政府建管單位申請補領建築物建築執照、使用執照後，再向縣市政府觀光單位提出民宿申請。

十九、非都市土地整幢住宅建築物，二樓經營餐飲業，四樓住家空餘房間可否申請民宿登記？

答：查「非都市土地使用管制規則」第 6 條附表一各種使用地容許使用項目表規定，甲種、乙種、丙種建築用地容許鄉村住宅，依「非都市土地容許使用執行要點」第 2 點附件一許可使用細目表規定，鄉村住宅得作民宿使用，準上，有關非都市土地甲種、乙種、丙種建築用地上之合法住宅建築物，自得申請民宿使用，至一、二樓經營餐飲業，三、四樓住家空餘房間可否申請民宿登記，宜由目的事業主管機關本於權責審查認定。（內政部 91.10.08 台內中地字第 0910085169 號函）

二十、貸款人民自建國民住宅能否申請經營民宿？

答：按「國民住宅條例」第 2 條第 1 項第 2 款規定，貸款人民自建國民住宅係指供收入較低家庭居住之住宅。復按內政部 68.07.03 台內營字第 25839 號函略以：「按國民住宅為家庭住宅，以供家庭直接居住使用為限……，其兼營家庭副業或小本經營者，縱令不妨礙公共安全、衛生與安寧，亦不得變更其以國民住宅為目的及效能。」另依「發展觀光條例」第 2 條第 9 款規定，民宿係指利用自用住宅空閒房間，結合當地人文、自然景觀、生態、環境資源及農林漁牧生產活動，以家庭副業方式經營，提供旅客鄉野生活之住宿處所。綜上，貸款人民自建國民住宅係供家庭居住使用，不得作為經營民宿之用。（內政部營建署 92.06.11 營署

宅字第 0920031981 號函）

廿一、經法院查封在案之建築物得否申請民宿登記？

答：以法院查封在案之建築物申請民宿登記，「民宿管理辦法」並無禁止登記之明文；至有關申請民宿登記，有無違反強制執行查封之效果部分，非屬本局解釋權責範圍，請依「強制執行法」相關規定，本於權責自行認定。（交通部觀光局 92.01.10 觀賓字第 0920000760 號函）

廿二、房屋所有權人和申請人不同可否申請民宿？

答：房屋所有權非申請人所有，需另檢具其他房屋權利證明文件，如所有權人同意書、契約等，再提出申請。（民宿管理辦法第 10 條第 2 款、第 13 條）

廿三、民宿應由建築物實際使用人自行經營，「實際使用人」如何認定？

答：「民宿管理辦法」第 10 條第 2 款規定所稱「實際使用人」，不以所有權人為限，民宿登記之申請人，如非該土地或建物之所有權人，應依「民宿管理辦法」第 13 條規定，提出土地同意使用、房屋使用權利等相關證明文件；至該申請人是否確實為該建築物之實際使用人，由各縣市政府本於權責，就各案事實認定。（交通部觀光局 92.04.07 觀賓字第 0920010254 號函）

廿四、有關民宿申請建物使用執照及建物登記謄本其所有權為兩人以上，民宿經營者為其中一人時，可否為民宿申請登記者？

答：民宿登記申請人如非建物之唯一所有權人，應依「民宿管理辦法」第 13 條第 5 款規定之意旨，提具其他所有權人同意使用之證明文件。（交通部觀光局 92.05.15 觀賓字第 0920014861 號函）

廿五、國家公園管理處是否可以申請民宿登記？

答：依據「民宿管理辦法」第 10 條第 2 款規定「民宿之申請登記應由建築物實際使用人自行經營。但離島地區經當地政府委託經營之民宿不在此限。」所稱「實際使用人」，係指自然人而言，不含公司、法人及政府機關在內；但書所稱「當地政府」，係指該民宿所在地之直轄市或縣（市）政府而言。（交通部觀光局 92.03.24 觀賓字第 0920008311 號函）

廿六、民宿建築物的設施應符合什麼規定？

答：(1)內部牆面及天花板之裝修材料、分間牆之構造、走廊構造及淨寬應分
別符合「舊有建築物防火避難設施及消防設備改善辦法」第9條、第
10條及第12條規定。

(2)地面層以上每層之居室樓地板面積超過200平方公尺或地下層面積超
過200平方公尺者，其樓梯及平台淨寬為1.2公尺以上；該樓層之樓
地板面積超過240平方公尺者，應自各該層設置二座以上之直通樓
梯。未符合上開規定者，依前款改善辦法第13條規定辦理。

但位於原住民保留地、經農業主管機關核發經營許可登記證之休閒農
場、經農業主管機關劃定之休閒農業區、觀光地區、偏遠地區及離島地
區之民宿，建築物設施基準不適用前項規定。至其適用標準，則回歸建
管法令有關規定，由建築主管機關定之。（民宿管理辦法第7條）

廿七、民宿登記申請是否應經建築物室內裝修審查？

答：按「建築物室內裝修管理辦法」第2條明定：「領有使用執照之供公眾
使用建築物及經內政部認定有必要之非供公眾使用建築物，其室內裝修
應依本辦法之規定辦理。」又上開供公眾使用建築物之範圍，本部
64.08.20內政部台內營字第642915號函業有明定，應依規定辦理。本案
參酌本署91.08.22營署建管字第0912913095號函檢送之會議紀錄案由三
決議明示：有關民宿均列歸屬為H2類組，其建築物設施依H2類組有關
規定辦理。又查H2類組係屬住宅、集合住宅等，其為六層樓以上者，
屬供公眾使用建築物之範圍。是所受理之民宿申請案件，如為六層樓以
上屬供公眾使用建築物之範圍，自應依建築物室內裝修管理辦法規定辦
理。（內政部91.09.17內授營建管字第0910086476號函）

廿八、民宿的消防安全設備應符合什麼規定？

答：(1)每間客房及樓梯間、走廊應裝置緊急照明設備；(2)設置火警自動警報
設備，或於每間客房內設置住宅用火災警報器；(3)配置滅火器兩具以
上，分別固定放置於取用方便之明顯處所；有樓層建築物者，每層應至
少配置一具以上。（民宿管理辦法第8條）惟民宿經營之規模如逾越該

辦法第 6 條規定，而具旅館之使用性質時，則應依各類場所消防安全設備設置標準第 12 條第 1 款第 3 目有關旅館之規定，設置消防安全設備，並應依消防法相關規定辦理檢修申報、防火管理及防焰等事項。（內政部消防署 91.10.07 消署預字第 00910016226 號函）

廿九、民宿消防安全設備圖說須委託消防設備師（士）辦理？

答：按「消防法」第 7 條規定：「依各類場所消防安全設備設置標準設置之消防安全設備，其設計、監造應由消防設備師為之，其裝置、檢修應由消防設備師或消防設備士為之」，惟依「民宿管理辦法」申請設立之民宿，其消防安全設備之設置係依同辦法第八條規定辦理，並無各類場所消防安全設備設置標準之適用，故申請人辦理民宿登記申請所檢附之消防安全設備圖說，得以自行設置完成之圖說送消防機關審查，免依「消防法」第 7 條規定辦理。（內政部消防署 91.09.09 消署預字第 0910013674 號函）

三十、經營民宿還須符合什麼規定？

答：(1)客房及浴室應具良好通風、有直接採光或有充足光線；(2)須供應冷、熱水及清潔用品，且熱水器具設備應放置於室外；(3)經常維護場所環境清潔及衛生，避免蚊、蠅、蟑螂、老鼠及其他妨害衛生之病媒及孳生源；(4)飲用水水質應符合飲用水水質標準；(5)由建築物實際使用人自行經營（離島地區經當地政府委託經營之民宿不在此限）；(6)不得設於集合住宅；(7)不得設於地下樓層。（民宿管理辦法第 9 條、第 10 條）

卅一、什麼情形不能申請經營民宿？

答：(1)無行為能力人或限制行為能力人；(2)曾犯組織「犯罪防制條例」、「毒品危害防制條例」或「槍砲彈藥刀械管制條例」規定之罪，經有罪判決確定者；(3)經依「檢肅流氓條例」裁處感訓處分確定者；(4)曾犯「兒童及少年性交易防制條例」第 22 條至第 31 條、「刑法」第十六章妨害性自主罪、第 231 條至第 235 條、第 240 條至第 243 條或第 298 條之罪，經有罪判決確定者；(5)曾經判處有期徒刑 5 年以上之刑確定，經執行完畢或赦免後未滿五年者。（民宿管理辦法第 11 條）

卅二、經營民宿至少應投保多少金額的公共意外責任險？

答：(1)每一個人身體傷亡：新台幣 200 萬元；(2)每一事故身體傷亡：新台幣 1,000 萬元；(3)每一事故財產損失：新台幣 200 萬元；(4)保險期間總保險金額：新台幣 2,400 萬元。

地方自治法規如有對消費者保護較有利之規定者，從其規定。（民宿管理辦法第 21 條）

卅三、申請民宿要繳交多少費用？

答：申請設立登記要繳交證照費每件新台幣 1,000 元，申請換發或補發要繳交證照費每件新台幣 500 元。（民宿管理辦法第 36 條）

卅四、經營民宿相關稅賦有什麼規定？

答：(1)所得稅：在符合客房數 5 間以下，客房總面積不超過 150 平方公尺，及未僱用員工，自行經營情形下，視為家庭副業，得免辦營業登記，惟經營者仍應將經營民宿之收入減除成本及必要費用後之餘額，併計其綜合所得總額，課徵綜合所得稅。

(2)房屋稅：符合前項規定之民宿，其房屋稅按住家用稅率課徵，如未符合上開要件者，則應依營業用稅率課徵。

(3)地價稅：因民宿提供客人住宿有收取房租情形，未符合「土地稅法」第 9 條有關自用住宅用地之規定，仍應按一般用地稅率計課地價稅。

(4)田賦：原依規定課徵田賦之農舍，如改作民宿使用，因其已非作農業使用，故不得繼續課徵田賦，應依法改課地價稅。

(5)土地增值稅：農業用地如改作民宿用地，因已不符合作農業使用之農業用地要件，故其移轉時，應無土地稅法第 39 條之 2 第 1 項規定：「作農業使用之農業用地，移轉與自然人時，得申請不課徵土地增值稅。」之適用，故仍應課徵土地增值稅。（財政部賦稅署 92.06.19 台稅三發字第 0920454252 號函）

附錄五　農業用地興建農舍辦法

（中華民國 93 年 6 月 16 日內政部台內營字第 0930083788 號令及行政院農業委員會農授水保字第 0931848628 號令會銜修正發布）

第一條　本辦法依農業發展條例（以下簡稱本條例）第十八條第五項規定訂定之。

第二條　依本條例第十八條第三項規定申請興建農舍之申請人應為農民，並符合第三條第 1 項第四款及第五款規定，其申請興建農舍，得依都市計畫法省（市）施行細則、台北市土地使用分區管制規則、實施區域計畫地區建築管理辦法、建築法、國家公園法及其他相關法令規定辦理，不受本辦法所定申請興建農舍相關規定之限制。

第三條　依本條例第十八條第 1 項規定申請興建農舍之申請人應為農民，其資格應符合下列條件，並經直轄市、縣（市）主管機關核定：

一、年滿二十歲或未滿二十歲已結婚者。

二、申請人之戶籍所在地及其農業用地，須在同一直轄市、縣（市）內，且其土地取得及戶籍登記均應滿二年者。但參加集村興建農舍者，不在此限。

三、申請興建農舍之該宗農業用地面積不得小於零點二五公頃。但參加集村興建農舍及於離島地區興建農舍者，不在此限。

四、申請人無自用農舍者。

五、申請人為該農業用地之所有權人，且該農業用地應確供農業使用，並屬未經申請興建農舍之農業用地。

直轄市、縣（市）政府為辦理前項申請興建農舍之核定作業，得由農業單位邀集環境保護、建築管理、地政、都市計畫等單位組成審查小組。

本條例中華民國八十九年一月二十八日修正生效前之農業用地，有

下列情形之一者，得準用前條規定申請興建農舍：

一、依法被徵收。

二、依法為得徵收之土地，經土地所有權人自願以協議價購方式讓售與需地機關。

前項土地所有權人申請興建農舍，以自公告徵收或完成讓售移轉登記之日起一年內，於同一直轄市、縣（市）內重新購買農業用地者為限，其申請面積並不得超過原被徵收或讓售土地之面積。

第四條　申請興建農舍之土地，有下列情形之一者，不得依本辦法申請興建農舍：

一、一依區域計畫法編定之水利用地、生態保護用地、國土保安用地。

二、工業區內農牧用地、林業用地。

三、其他違反土地使用管制規定者。

第五條　起造人申請建築農舍，應備具下列書圖文件，向直轄市、縣（市）主管建築機關申請建造執照：

一、申請書：應載明申請人之姓名、年齡、住址、申請地號、基地面積、建築面積、建蔽率、樓層數及建築物高度、總樓地板面積、建築物用途、建築期限、工程概算等。

二、主管機關依第三條規定核定之文件。

三、地籍圖謄本。

四、土地權利證明文件。

五、土地使用分區證明。

六、工程圖樣：包括農舍平面圖、立面圖、剖面圖，其比例尺不小於百分之一；及農舍配置圖，其比例尺不小於一千二百分之一。

第六條　興建農舍應注意事項如下：

一、農舍興建圍牆，以不超過法定基層建築面積範圍為限。

二、地下層每層興建面積，不得超過基層建築面積，其面積應列入

總樓地板面積計算。但防空避難設備、裝卸、停車空間、機電設備空間，符合建築技術規則建築設計施工編第一百六十二條規定者，得予扣除。

三、申請興建農舍之該宗農業用地，扣除興建農舍土地面積後，供農業生產使用部分應為完整區塊，且其面積不得低於該宗農業用地面積百分之九十。但於福建省金門縣，以下列原因，於本條例中華民國八十九年一月二十八日修正生效後，取得被繼承人或贈與人於上開日期前所有之農業用地，申請興建農舍者，不在此限：（一）繼承。（二）為民法第一千一百三十八條所定遺產繼承人於繼承開始前因被繼承人之贈與。

四、興建之農舍，應依建築技術規則之規定，設置建築物污水處理設施。

五、農舍之放流水應排入排水溝渠，其排入灌溉專用渠道者，應經管理單位同意；其排入私有水體者，應經所有人同意。

第七條　個別興建農舍之興建方式、最高樓地板面積、農舍建蔽率、容積率、最大基層建築面積、樓層數、建築物高度及許可條件，應依都市計畫法省（市）施行細則、台北市土地使用分區管制規則、實施區域計畫地區建築管理辦法、建築法、國家公園法及其他相關法令規定辦理。

第八條　以集村方式興建農舍，應一次集中申請，並符合下列規定：

一、二十戶以上之農民為起造人，共同在一宗或數宗相毗連之農業用地整體規劃興建農舍。各起造人持有之農業用地，應位於同一鄉（鎮、市、區）或毗鄰之鄉（鎮、市、區）。但離島地區，得以十戶以上之農民為起造人。

二、各起造人持有之農業用地與集村興建農舍坐落之農業用地，其法令規定適用之基層建築面積之計算標準應相同，且同屬都市土地或非都市土地。但於福建省金門縣興建農舍者，不在此限。

三、參加集村興建之各起造人所持有之農業用地，其農舍基層建築面積計算，應依都市計畫法省（市）施行細則、台北市土地使用分區管制規則、實施區域計畫地區建築管理辦法、建築法及其他相關法令規定辦理。

四、依前款規定計算出基層建築面積之總和，爲集村興建全部農舍之基層建築面積。其範圍內之土地爲全部農舍之建築基地，並應完整連接，不得零散分布。

五、集村興建農舍坐落之建築基地，其建蔽率不得超過百分之六十，容積率不得超過百分之二百四十。但建築基地位於山坡地範圍者，其建蔽率不得超過百分之四十，容積率不得超過百分之一百二十。

六、農舍坐落之該宗或數宗相毗連之農業用地，應有道路通達；其面前道路寬度十戶至未滿三十戶者爲六公尺，三十戶以上爲八公尺。

七、建築基地與計畫道路境界線之距離，不得小於八公尺。但基地情況特殊，經直轄市、縣（市）主管建築機關核准者，不在此限。

八、集村興建農舍應整體規劃，於法定空地設置公共設施；其應設置之公共設施如附表。

已以集村方式興建農舍之農民，不得重複申請在自有農業用地興建農舍。

第九條 都市計畫地區之農業用地，直轄市、縣（市）主管建築機關應於都市計畫及地籍套繪圖上，將已興建及未興建農舍之農業用地分別著色標示。

非都市土地之農業用地，於農舍興建完成，核發使用執照後，直轄市、縣（市）主管建築機關應造冊列管。

前二項已申請興建農舍之農業用地，直轄市、縣（市）主管建築機關於核發使用執照後，應將農舍坐落之地號及提供興建農舍之所有

地號之清冊，送地政機關於土地登記簿上註記。

第十條　起造人提出申請興建農舍之資料不實者，直轄市、縣（市）主管機關得撤銷其核定，主管建築機關得撤銷其建築許可。

經撤銷建築許可案件，其建築物依相關土地使用管制及建築法規定處理。

第十一條　直轄市、縣（市）主管建築機關得依本辦法規定，訂定符合城鄉風貌及建築景觀之農舍標準圖樣。

採用農舍標準圖樣興建農舍者，得免由建築師設計、監造或營造廠承造。

第十二條　本辦法自發布日施行。

附錄六　建築管理法規（與民宿相關條文摘錄）

（內政部營建署 92.6.5 營署建管字第 0920027499 號函）

一、民宿輔導與管理部分：

　（一）使用類組與變更使用

　　　　依建築法第七十三條執行要點規定，業將住宅、農舍、民宿劃歸為同一 H2 類組，有關住宅或農舍擬變更為民宿使用，屬建築法同組之使用項目更動免委請建築師，逕依該執行要點第十四條規定，得備具使用項目更動申報書，並檢附該條各款所列之文件，報請該管主管建築機關於使用執照上登載之。

　（二）變更使用與違建之劃分

　　　　依同執行要點第十五條規定，建築物申請變更使用之違建在不妨礙公共安全原則下，其違建可依違章建築處理相關規定，另行續處。

　（三）建築物室內裝修之審查許可

　　　　按建築法第七十七條之二第 1 項第一款規定，供公眾使用建築物之室內裝修應申請審查許可，惟民宿如係以自用住宅或農舍申請登記，非屬上開供公眾使用建築物，免辦理建築物室內裝修審查許可。

　（四）免由建築師設計、監造或營造業承造之規定

　　　　1.建築法第十六條規定：建築物及雜項工作物造價在一定金額以下或規模在一定標準以下者，得免由建築師設計或監造或營造業承造。前項造價金額或規模標準，由直轄市、縣（市）政府於建築管理自治條例中定之。

　　　　2.建築法第十九條規定：內政部、直轄市、縣（市）政府得製訂

各種標準建築圖樣及說明書，以供人民選用；人民選用標準圖樣申請建築時，得免由建築師設計及簽章。目前內政部訂有住宅標準圖（農舍）可供選用。

二、建築技術規則相關規定

（一）樓梯構造：建築技術規則建築設計施工編第三十三條。

（二）停車空間：建築技術規則建築設計施工編第五十九條。

（三）採光：建築技術規則建築設計施工編第四十條、第四十一條。

（四）防音：建築技術規則建築設計施工編第四十六條。

（五）防火建築物及防火構造：建築技術規則建築設計施工編第六十九條。

（六）分界牆：建築技術規則建築設計施工編第八十六條第二款。

（七）走廊淨寬度：建築技術規則建築設計施工編第九十二條。

（八）直通樓梯：建築技術規則建築設計施工編第九十三條。

（九）防空避難設備：建築技術規則建築設計施工編第一百四十一條、第一百四十二條。

（十）污水處理設施：建築技術規則建築設計施工編第四十九條。

（十一）機械通風設備之風管：建築技術規則建築設備編第九十二條。

（十二）機械通風設備之風口：建築技術規則建築設備編第九十五條。

（十三）機械通風設備之通風量：建築技術規則建築設備編第一○二條。

（十四）最低活載量：建築技術規則建築構造編第十七條。

附錄七　建築法（與民宿相關條文摘錄）

（中華民國 93 年 1 月 20 日總統華總義一字第 09300007831 號令）

第十六條　建築物及雜項工作物造價在一定金額以下或規模在一定標準以下者，得免由建築師設計，或監造或營造業承造。

前項造價金額或規模標準，由直轄市、縣（市）政府於建築管理規則中定之。

第十九條　內政部、直轄市、縣（市）政府得製訂各種標準建築圖樣及說明書，以供人民選用；人民選用標準圖樣申請建築時，得免由建築師設計及簽章。

第七十七條之二　建築物室內裝修應遵守左列規定：

一、供公眾使用建築物之室內裝修應申請審查許可，非供公眾使用建築物，經內政部認有必要時，亦同。但中央主管機關得授權建築師公會或其他相關專業技術團體審查。

二、裝修材料應合於建築技術規則之規定。

三、不得妨害或破壞防火避難設施、消防設備、防火區劃及主要構造。

四、不得妨害或破壞保護民眾隱私權設施。

前項建築物室內裝修應由經內政部登記許可之室內裝修從業者辦理。

室內裝修從業者應經內政部登記許可，並依其業務範圍及責任執行業務。

前三項室內裝修申請審查許可程序、室內裝修從業者資格、申請登記許可程序、業務範圍及責任，由內政部定之。

參考文獻

一、中文部分

台灣省旅遊局（1998）。《民宿制度之研究》。台中：台灣省旅遊局。

交通部觀光局（2001）。《風景區公共設施規劃設計準則彙編》。台北：交通部觀光局。

交通部觀光局（2002）。《南庄地區民宿概況之調查與分析期末報告》。台北：交通部觀光局。

交通部觀光局（2003）。《民宿 Q&A 暨相關法規、解釋函彙編》。台北：交通部觀光局。

行政院農業委員會（2002）。《農村民宿經營管理手冊》。台北：行政院農業委員會。

何郁如、湯秋玲（1989）。〈墾丁國家公園住宿服務現況之研究〉。《戶外遊憩研究》，2（1），51-62。

吳文雄（2001）。戶外解說，阿里山鄉解說員講習教材。國立嘉義大學印製。

吳明一（2002）。〈休閒農業與民宿〉。《農村民宿經營管理手冊》。台北：行政院農委會。

吳乾正（2004）。文化創意產業國內論壇地方再造終身學習講議。台北：行政院文建會。

李明儒（2000）。〈農業旅遊之資源調查與遊程規劃〉。《台灣農業旅遊學術研討會論文集》。農業旅遊策進會。

李慧珊（2003）。〈台灣地區國際觀光休閒旅館網際網路通路運用之研究〉。世新大學觀光學系研究所碩士論文，台北。

宜蘭縣政府全球資訊網（2002）。http://www.e-land.gov.tw

林宜甲（1998）。〈國內民宿經營上所面臨問題與個案分析——以花蓮縣瑞穗鄉舞鶴地區爲例〉。國立東華大學自然資源管理研究所碩士論文，未出版，花蓮。

林玥秀、劉元安、孫瑜華、李一民、林連聰編著（2000）。《餐館與旅館管理》。台北：空大。

林梓聯（2004）。休閒漁業與漁村社區營造，海洋台灣2004娛樂漁業經營管理系列講座教材。中華鯨豚協會。

欣境工程顧問公司（1990）。〈東部海岸風景區發展民宿可行性之研究〉。交通部觀光局東部海岸風景特定區管理處。

姜惠娟（1997）。〈休閒農業民宿旅客特性與需求之研究〉。國立中興大學園藝研究所碩士論文，未出版，台中。

段兆麟（2001）。〈休閒農業民宿經營〉。《九十年度農漁民第二專長訓練——休閒旅遊（農業）班課程輯錄》。屏東科技大學。

洪子豪（2002）。〈行銷策略〉。《農村民宿經營管理手冊》。台北：行政院農委會。

胡安慶（2001）。〈淺說休閒農場之解說服務〉。《中華民國農場經營協會農場會訊》，10。

張榮宗（2002）。民宿服務品質管理，民宿經營管理研習課程專業。台北：交通部觀光局。

張翠娟（1992）。〈員工績效評估制度與功能之研究〉。台灣大學政治研究所碩士論文，台北。

許淑娟（1991）。〈蘭陽平原祭祀圈的空間組織〉。國立師範大學地理研究所碩士論文，台北市。

郭永傑（1990）。〈日據時期官舍住宅使用後評估〉。《中華民國建築學會建築學報》，1，13-20。

陳如玉（2002）。特色餐飲研發技巧，民宿經營管理研習課程專業。台北：交通部觀光局。

陳佩君（2003）。〈休閒農業應用網際網路行銷績效之研究〉。國立
　　屏東科技大學企業管理系碩士論文，屏東。

陳昭郎（2000）。〈農業旅遊之源起與現況〉。《台灣農業旅遊學術
　　研討會論文集》。農業旅遊策進會。

陳昭郎（2002）。〈台灣休閒農業現況與發展趨勢〉（頁223-230）。
　　《海峽兩岸觀光休閒農業與鄉村民俗旅遊研討會論文集》。台北
　　市。

陳瑞樺（1997）。〈民間宗教與社區組織「再地域化」的思考〉。清
　　華大學人類學研究所碩士論文，新竹。

陳墀吉（2000）。〈農業旅遊活動領團人員之訓練〉。《台灣農業旅
　　遊學術研討會論文集》（頁40-42）。農業旅遊策進會。

陳墀吉（2003）。農業休閒體驗活動之設計。桃園縣觀音鄉農會演
　　講稿。

陳墀吉、尤正國（2001）。〈宜蘭縣員山鄉阿蘭城居民對社區觀光
　　產業發展參與意願之分析〉。《觀光遊憩休閒研究成果學術研
　　討會論文集》。中華民國戶外遊憩學會。

陳墀吉、掌慶琳、談心怡（2001）。〈國內民宿之經營及發展現況
　　之探討——以九份風箏博物館為例〉。《休閒旅遊觀光學術研
　　討會論文集（1)》（頁263-283）。中華民國戶外遊憩學會。

曾石南（1991）。《台灣休閒農業》。省政建設叢書。台中：台灣省
　　政府新聞處。

程貴銘（2000）。《農村社會學》（2）。北京：中國農業大學出版
　　社。

黃良振（1996）。《觀光旅館業人力資源管理》。台北：中國文化大
　　學出版部。

楊永盛（2003）。〈遊客對宜蘭地區民宿評價之研究〉。世新大學觀
　　光學系研究所碩士論文，台北。

詹益政（2002）。《旅館管理實務》。台北：揚智文化。

綠蜻蜓企劃顧問公司、中華建築文化協會（2000）。《宜蘭縣員山鄉同樂村阿蘭城社區「公共環境營造計畫」規劃報告書》。宜蘭：阿蘭城新風貌促進會，1-3 ～ 1-6。

歐聖榮、姜惠娟（1997）。〈休閒農業民宿系統旅客特性與需求之研究〉。《興大園藝》，22（2），135-147。

潘正華（1994）。〈台灣農村地區發展休閒農業於農牧用地上興建民宿建築之法令可行性研究〉。國立台灣大學農業工程學系碩士論文，未出版，台北。

談心怡、陳墀吉（2001）。〈台灣觀光旅館業員工對考核內容與項目之認知〉。論文發表於真理大學觀光系主辦「兩岸觀光學術研討會」。

鄭詩華（1992）。〈農村民宿之經營及管理〉。《戶外遊憩研究》，5（3/4），13-24。

鄭詩華（1998）。〈民宿制度之研究〉。台中：台灣省交通處旅遊事業管理局。

鄭瀛川、王榮春、曾河嶸（1997）。《績效管理》。台北：世台管理顧問股份有限公司。

謝旻成（1999）。〈由德國民宿空間居住體驗探討台灣農村傳統三合院住宅發展民宿空間調整之研究〉。台灣大學農業工程學研究所碩士論文，台北。

韓選棠、顧志豪（1992）。〈休閒農業發展中民宿建築類型之選擇研究〉。《農業工程學報》，38（3），38-55。

藍明鑑（2002）。〈休閒農業經營者如何有效行銷〉。《農村民宿經營管理手冊》。台北：行政院農委會。

羅惠斌（1995）。《觀光遊憩區規劃與管理》。台北：固地文化出版。

顧志豪（1991）。〈台灣休閒農業發展中民宿建築之配合規劃研究〉。台灣大學農業工程研究所碩士論文，台北市。

二、英文部分

AAA Newsroom, American Automobile Association, http://www.aaa. com/ews12/Diamonds/dialist3.html.

AA Quality Standard, Automobile Association, http://www.theaa. co.uk/hotels/Ratings.html.

Alastair, M. M., Philip, L.P., Gianna, M., Nandini, N., & Joseph, T.O. (1996). "Special Accommodation: Definition, Markets Served, and Roles in Tourism Development." *Journal of Travel Research*, (Summer), 18-25.

休閒農業民宿　　　　　　　　　　　休閒遊憩系列 4

著　　　者／陳墀吉・楊永盛

出 版 者／威仕曼文化事業股份有限公司

發 行 人／葉忠賢

總 編 輯／閻富萍

地　　　址／台北縣深坑鄉北深路三段 260 號 8 樓

電　　　話／(02)8662-6826

傳　　　眞／(02)2664-7633

E-mail ／ service@ycrc.com.tw

郵撥帳號／ 19735365

戶　　　名／葉忠賢

印　　　刷／大象彩色印刷製版股份有限公司

初版二刷／ 2008 年 10 月

定　　　價／新台幣 480 元

ISBN ／ 986-81734-0-X

國家圖書館出版品預行編目資料

休閒農業民宿 / 陳墀吉, 楊永盛著. — 初版.
　-- 臺北市：威仕曼文化, 2005 [民 94]
　面；　公分. -- (休閒遊憩系列：4)
參考書目：面
ISBN 986-81734-0-X（平裝）

1. 旅館業 — 管理

489.2　　　　　　　　　　　　94020847